陕西省园林绿化工程消耗量定额

（2025）

批准部门：陕 西 省 住 房 和 城 乡 建 设 厅
主编单位：陕 西 省 建 设 工 程 造 价 服 务 中 心
参编单位：中国建筑第八工程局有限公司西北分公司
软件支持：广 联 达 西 安 科 技 有 限 公 司
实施日期：2 0 2 5 年 7 月 1 日

中国计划出版社
北 京

图书在版编目（CIP）数据
陕西省园林绿化工程消耗量定额. 2025 / 陕西省建设工程造价服务中心主编. -- 北京 : 中国计划出版社, 2025. 6（2025. 8重印）. -- ISBN 978-7-5182-1851-6
Ⅰ. TU723.34
中国国家版本馆 CIP 数据核字第 2025MF1641 号

陕西省园林绿化工程消耗量定额（2025）
SHAANXI SHENG YUANLIN LÜHUA GONGCHENG XIAOHAOLIANG DING'E（2025）
陕西省建设工程造价服务中心　主编

责任编辑：秦　洁　　封面设计：韩可斌

中国计划出版社出版发行
网址：www.jhpress.com
地址：北京市西城区木樨地北里甲 11 号国宏大厦 C 座 4 层
邮政编码：100038　电话：（010）63906433（发行部）
北京厚诚则铭印刷科技有限公司印刷

880mm × 1230mm　1/16　11.5 印张　367 千字
2025 年 6 月第 1 版　2025 年 8 月第 2 次印刷

定价：46.00 元

本书编委会

总　　　编： 李卫军

副　总　编： 张　丹　陈永兵　崔建明　原　波　杜产阳

本书编写人员名单

主　　　编： 曹　方　贺渤伦

副　主　编： 胡永青　庄智斌　赵玉兰

编 写 人 员： 张大道　夏　敏　李小均　马　荣　王小东　和淑珍

软 件 操 作： 郭继庆　路燚桓

陕西省住房和城乡建设厅关于印发 2025 陕西省建设工程费用规则等计价依据的通知

陕建管发〔2025〕10 号

各设区市住房和城乡建设局，杨凌示范区住房和城乡建设局，各相关企业：

为贯彻落实《住房和城乡建设部办公厅关于印发工程造价改革工作方案的通知》（建办标〔2020〕38 号）及《陕西省住房和城乡建设厅关于印发〈陕西省建设工程造价改革工作实施方案〉的通知》（陕建发〔2020〕1109 号）精神，依据《陕西省建设工程造价管理办法》，我厅组织修编了《陕西省建设工程费用规则》及 6 个专业配套基价表、《陕西省房屋建筑与装饰工程消耗量定额》等 6 个专业消耗量定额、施工机械台班费用定额、仪器仪表台班费用定额（详见附件），现予以印发，自 2025 年 7 月 1 日起实施，并提出以下意见，请一并贯彻执行：

一、2025 年 7 月 1 日起新开工的建设工程执行新的计价依据；2025 年 7 月 1 日前的在建工程（包括已招投标或已签订合同的工程）仍按原约定的计价依据执行。

二、原 2004《陕西省建筑装饰工程消耗量定额》《陕西省安装工程消耗量定额》《陕西省市政工程消耗量定额》《陕西省园林绿化工程消耗量定额》、2009《陕西省建设工程工程量清单计价规则》、2009《陕西省建设工程工程量清单计价费率》、《陕西省建设工程消耗量定额（2004）补充定额》、2009《陕西省建筑装饰市政园林绿化工程价目表》《陕西省安装工程价目表》于 2025 年 7 月 1 日起停止使用。

三、上述计价依据的日常管理及技术内容解释由陕西省建设工程造价服务中心具体负责。

附件：2025 陕西省建设工程计价依据汇总表

陕西省住房和城乡建设厅

2025 年 3 月 17 日

附　件

2025陕西省建设工程计价依据汇总表

序　号	名　称
1	陕西省建设工程费用规则（2025）
2	陕西省房屋建筑与装饰工程基价表（2025）
3	陕西省通用安装工程基价表（2025）
4	陕西省市政工程基价表（2025）
5	陕西省园林绿化工程基价表（2025）
6	陕西省城市地下综合管廊工程基价表（2025）
7	陕西省绿色建筑工程基价表（2025）
8	陕西省房屋建筑与装饰工程消耗量定额（2025）
9	陕西省通用安装工程消耗量定额（2025）
10	陕西省市政工程消耗量定额（2025）
11	陕西省园林绿化工程消耗量定额（2025）
12	陕西省城市地下综合管廊工程消耗量定额（2025）
13	陕西省绿色建筑工程消耗量定额（2025）
14	陕西省建设工程施工机械台班费用定额（2025）
15	陕西省建设工程施工仪器仪表台班费用定额（2025）

前　　言

随着科技的不断进步与创新，陕西省建筑业正逐步迈入工业化、绿色化、智能化的新时代。这一转变不仅带来了施工技术和工艺的革新，极大提升了工程建设的效率与质量，同时也对工程造价的确定与控制提出了新的要求与挑战。

消耗量定额作为衡量工程建设所需人工、材料、施工机械消耗量的重要标准，其准确性和合理性对于确保工程造价的公正性和科学性至关重要。为此，陕西省住房和城乡建设厅对 2004 版陕西省建设工程消耗量定额进行了全面而深入的修编，以适应新时代建筑业的发展需求。

经过深入的市场调研、专家咨询与广泛的社会意见征集，我们成功构建了一套全新的陕西省建设工程消耗量定额体系。新修订的消耗量定额体系共涵盖《陕西省房屋建筑与装饰工程消耗量定额（2025）》《陕西省安装工程消耗量定额（2025）》《陕西省市政工程消耗量定额（2025）》《陕西省城市地下综合管廊工程消耗量定额（2025）》《陕西省园林绿化工程消耗量定额（2025）》以及《陕西省绿色建筑工程消耗量定额（2025）》等六大专业领域，总计二十八册。这一体系体现了科学、先进、实用的原则，更紧密结合了我省建设工程发展的实际情况，充分吸纳了新的施工工艺和技术标准，对各专业消耗量定额交叉水平进行了统一，为工程造价管理、提高投资效益提供强有力的支持。

作为陕西省建设工程编制最高投标限价（标底）、工程结算、施工图预算、工程造价纠纷处理等工作的重要依据，本消耗量定额也是投标报价、投资估算、设计概算、企业定额等方面的重要参考。在新的定额体系中，我们特别关注了人工、材料、施工机械消耗量的科学确定，其中人工工日按 8 小时工作制计算，且以主要工种的综合工日表示，材料消耗量包含净用量与损耗量，机械消耗量则依据工程实际情况综合确定。

为保持定额体系的时效性与准确性，我们将采取动态管理的方式，根据市场变化和技术进步的情况对定额数据进行必要的更新与调整。同时，我们还将建立定额体系的反馈机制，积极收集来自业界、专家学者及实践工作者的意见和建议，以不断完善定额体系，提高其准确性和效率。

陕西省住房和城乡建设厅

2025 年 3 月

总 说 明

一、《陕西省园林绿化工程消耗量定额（2025）》（以下简称“本定额”）包括绿化工程，园路、园桥工程，园林景观工程，屋面工程，喷泉及喷灌工程，边坡绿化生态修复工程及措施项目共七章。

二、本定额是完成规定计量单位分部分项工程、措施项目所需的人工、材料、施工机械台班的消耗量标准，是编制国有投资工程投资估算、设计概算、最高投标限价的依据。

三、本定额适用于陕西省城镇范围内的新建、扩建和改建园林绿化工程。

四、本定额以国家和有关部门发布的国家现行设计规范、施工验收规范、技术操作规程、质量评定标准、产品标准和安全操作规程，现行工程量清单计价标准、计算标准和有关指标为依据编制。

五、本定额按正常施工工期和施工条件，考虑企业常规的施工工艺，合理的施工组织设计进行编制。

1. 设备、材料、成品、半成品、构配件完整无损，符合质量标准和设计要求，附有合格证书和试验记录。

2. 正常的气候、地理条件和施工环境。

六、本定额未包括的项目，可按其他相应工程消耗量定额执行。

七、关于人工：

1. 本定额中的人工以综合工日表示。

2. 本定额中的人工包括基本用工、超运距用工、辅助用工和人工幅度差。

3. 本定额中的人工每工日按 8 小时工作制计算。

4. 机械土、石方、桩基础、构件运输及安装等工程，人工随机械产量计算的，人工幅度差按机械幅度差计算。

八、关于材料：

1. 本定额中的材料（包括构配件、零件、半成品、成品）均为符合国家质量标准和相应设计要求的合格产品。

2. 本定额中的材料包括施工中消耗的主要材料、辅助材料、周转材料和其他材料。

3. 本定额中的材料消耗量包括净用量和损耗量。损耗量包括：从工地仓库、现场集中堆放地点（或现场加工地点）至操作（或安装）地点的施工场内运输损耗、施工操作损耗、施工现场堆放损耗等，规范（设计文件）规定的预留量、搭接量不在损耗率中考虑。

4. 本定额中的混凝土、沥青混凝土、砌筑砂浆、抹灰砂浆及各种胶泥等均按半成品消耗量以体积（m^3）表示，混凝土按运至施工现场的预拌混凝土编制，砂浆按预拌砂浆编制，混凝土均按自然养护考虑。若混凝土及砂浆强度等级与设计强度等级不同时，可按设计强度等级进行换算。

5. 本定额中所使用的混凝土均按预拌混凝土编制，若实际采用现场搅拌混凝土浇捣时，人工、材料、机械具体调整如下：

（1）综合工日增加 4.125 工日/$10m^3$。

（2）水增加 $0.38m^3/10m^3$。

（3）双锥反转出料混凝土搅拌机（500L）增加 0.3 台班/$10m^3$。

6. 本定额中所使用砂浆项目是按干混预拌砂浆计算，若实际使用现拌砂浆或湿拌预拌砂浆时，按以下方法调整：

（1）使用现拌砂浆的，除将定额中的干混预拌砂浆调换为现拌砂浆外，按每立方米砂浆增加：综合用工 0.342 工日、将原定额中干混砂浆罐式搅拌机调换为 200L 灰浆搅拌机，台班含量不变。

（2）使用湿拌预拌砂浆的，除将定额中的干混预拌砂浆调换为湿拌预拌砂浆外，另按相应定额中每立方米砂浆扣除综合用工 0.20 工日，并扣除干混砂浆罐式搅拌机台班数量。

7. 本定额中的周转性材料按不同施工方法，不同类别、材质，计算出一次摊销量进入消耗量定额。

8. 本定额中的用量少、低值易耗的零星材料，列为其他材料。

九、关于施工机械：

1. 本定额中的机械按常用机械、合理机械配备和施工企业的机械化装备程度，并结合工程实际综合确定。

2. 本定额中的机械台班消耗量按正常机械施工工效并考虑机械幅度差综合确定，每个台班按 8 小时工作制计算。

3. 凡单位价值 2000 元以内、使用年限在一年以内的不构成固定资产的施工机械，不列入机械台班消耗量，作为工具用具在建筑安装工程费中的企业管理费考虑，其消耗的燃料动力等已列入材料。

十、关于水平和垂直运输：

本定额材料（植物）、成品、半成品包括自现场仓库或现场指定堆放地点运至操作（或安装）地点的水平和垂直运输。

1. 场内水平运输。水平运距按 100m 考虑，由于施工场地条件限制，材料（植物）、成品、半成品不能一次运输到达堆放地点或从堆放地点到达操作（或安装）地点的距离超过水平运距 100m 时，超过部分按各章节相关规定执行。

2. 垂直运输。采用人力垂直运输，坡度 > 15%且垂直运输高差超过 1.5m 应计算人工垂直运输费用。垂直运输按垂直高度每米折合水平运距 7m 计算，高度按全高计算。

十一、本定额中的工作内容已说明了主要的施工工序，次要工序虽未说明，但均已包括在内。

十二、施工与生产同时进行或在有害身体健康的环境中施工时的降效增加费，本定额未考虑，发生时另行计算。

十三、本定额适用于海拔 2000m 以下的地区。

十四、附录中术语适用于本定额。

十五、本定额中使用到两个或两个以上系数时，按连乘法计算。

十六、本定额中注有“××以内”或“××以下”及“小于”者，均包括“××”本身，“××以外”或“××以上”及“大于”者，则不包括“××”本身。

十七、定额说明中未注明尺寸单位的宽度、厚度、断面等，均以“mm”为单位。

十八、凡本说明未尽事宜，详见各章说明和附录。

十九、本定额的解释和修改，由陕西省建设工程造价服务中心负责。

目　　录

第一章　绿化工程

第二章　园路、园桥工程

第三章　园林景观工程

第四章　屋面工程

第五章　喷泉及喷灌工程

第六章　边坡绿化生态修复工程

第七章　措施项目

附　　录

第一章

绿 化 工 程

说　　明

一、本章包括绿地整理、起挖植物、汽车运输苗木、栽植植物、栽植工程植物养护、洒水车浇水、及补充项目共七部分。

二、本章人工、机械消耗量均包括工作区域内的场地清理，未考虑施工前垃圾、障碍物清除及施工前的平整场地，施工前的平整场地按本项目第二章“园路、园桥工程”中园路土基路床整理项目执行。

三、砍伐乔木适用于《城市绿化条例》规定的施工场地内死亡或濒临死亡植物的砍伐及装车外运。

四、回填种植土分为人工和机械回填，不包含清表（垃圾及地上附着物等）、土方回填和余（渣）土外运。

五、人工换土是指单株（坑）植物种植点土质不能满足植物生长时，采取种植土换填；绿篱、地被、露地花卉及草本类植物换土按成片换土执行回填种植土项目。换填种植土消耗量与项目不同时，可按设计或施工组织设计要求调整，人工、机械按种植土调整比例相应调整。余土外运执行《陕西省市政工程消耗量定额（2025）》相应项目。

六、整理绿化种植地应为±30cm 以内的挖填、翻松、耙细整平等。如不存在换填种植土，整理绿化用地渣土量按每平方米 0.05m^3 计算。

七、绿地起坡造型是指绿化种植地坡顶与坡底高差 0.3～1.0m 或坡度 ≤ 30%的土坡造型堆置。

八、起挖、栽植植物均以一、二类土考虑。遇三类土项目人工乘以系数 1.34，四类土项目人工乘以系数 1.76，冻土项目人工乘以系数 2.2；遇打凿石方或其他障碍物，按《陕西省市政工程消耗量定额（2025）》相应项目执行；除栽植带土球乔木（人工、机械挖坑）外，如遇机械挖树坑，相应的栽植项目人工调减 30%；起挖植物包括回土填坑。

九、起挖、栽植乔灌木，土球、胸径、冠径规格按设计要求确定。设计无规定时，乔木土球直径按胸径的 6～8 倍计算，棕榈类土球直径按地径 2 倍计算；灌木类土球直径按冠径的 40%计算。

栽植带土球乔木分为栽植带土球乔木（人工挖坑）和栽植带土球乔木（机械挖坑）两部分。栽植带土球乔木（人工挖坑）适用于道路绿化宽 1.5m 以内的分隔带、绿化带；新建住宅小区内的栽植绿化；有地下管网但不能使用机械挖坑的绿化区域。栽植带土球乔木（机械挖坑）适用于除以上范围之外的栽植带土球乔木。

十、起挖、栽植乔木项目，优先考虑胸径，在无法测量胸径时按干径计算；分枝点小于 1.2m 的乔木按干径规格执行，分枝点小于 0.3m 的乔木按冠幅规格执行灌木相应项目。

本章中植物规格允许偏差按行业标准《园林绿化工程施工及验收规范》CJJ/T 82—2012 中表 4.3.4 的相关规定执行。

十一、起挖植物、汽车运输苗木项目适用于绿化工程中植物迁移，不适用于新建绿化工程或新栽植物项目。新建绿化工程或新栽植物的起挖、运输包含在苗木单价中，不另计算。

十二、植物水平运输运距超过 100m 时，每超过 10m 按对应规格栽植项目人工增加 1.5%计算，不足 10m 按 10m 计算。其他材料水平运输运距超过 100m 时，按本项目第七章相应项目执行。

十三、汽车运输苗木项目中，乔、灌木运输均为带土球苗木，裸根乔木运输按带土球乔木运输的 25%计，裸根灌木运输按带土球灌木运输的 20%计。

十四、绿化工程植物成活率按现行行业标准《园林绿化工程施工及验收规范》CJJ/T 82 执行，植物栽植项目中苗木消耗量已考虑损耗，损耗率见下表。

绿化植物栽植损耗率表

序　号	项 目 名 称	植物损耗率（%）
1	乔木带土球	1
2	乔木裸根	1.5
3	灌木带土球	1
4	灌木裸根	1.5
5	片植灌木	2
6	单、双排绿篱	2
7	攀缘植物	2
8	竹类	4
9	棕榈类	5
10	水生植物	5
11	盆花	2
12	一、二年生草本花卉	8
13	球根、块根及宿根花卉	4
14	地被植物	2
15	草皮	5

片植灌木、绿篱、露地花卉、地被植物、水生植物若设计种植量与项目消耗量不同时，按设计种植量×（1＋损耗率）调整相应项目中的苗木消耗量，其他不变。

栽植植物项目中水的消耗量按一、二类土质考虑，若遇其他土质，由甲、乙双方在合同中另行约定调整水消耗量。

十五、连片灌木面积≤3m²或种植密度≤5株/m²，执行单株灌木栽植项目；单排灌木种植密度≤3株/m或双排灌木种植密度≤5株/m，执行单株灌木项目；连片灌木种植排数≥3排、面积＞3m²且种植密度＞5株/m²执行成片栽植项目。

十六、地被植物项目适用于覆盖地面密集、低矮、无主枝干的植物。本定额已列项的地被植物项目，如片植灌木，一、二年生草本花卉，球根、块根及宿根花卉等按相应项目执行；本定额未列项的其他类地被植物均按地被植物项目执行。

十七、假植按栽植、养护项目乘以系数0.4执行，不计苗木消耗量。假植认定以施工组织设计及现场签证为依据，假植时间按不超过1个月考虑。超过1个月的由甲乙双方在合同中另行约定。

十八、在30°＜坡度≤45°的地块起挖、栽植、养护花草树木及盆花布置时，相应项目人工乘以系数1.2；坡度＞45°时各地根据具体措施由甲、乙双方在合同中另行约定。垂直墙体绿化、高架桥绿化的栽植、养护按相应项目人工、机械乘以系数1.4。

十九、栽植工程植物养护项目按现行行业标准《园林绿化工程施工及验收规范》CJJ/T 82编制，结合植物生物学特性，不同种类植物设置养护月调整系数，以月计算，不足1个月按1个月计，栽植工程植物养护月调整系数见下表。

栽植工程植物养护月调整系数表

植 物 类 别	月调整系数
乔木、灌木、攀缘植物、竹类、棕榈类	第1月执行相应项目×1
	第2、3月按相应项目×0.7
	第4、5、6月按相应项目×0.4

续前

植 物 类 别	月调整系数
乔木、灌木、攀缘植物、竹类、棕榈类	第 7 月起按相应项目 × 0.3
一、二年生草本花卉	按月执行相应项目 × 1
宿根花卉、块球根花卉、地被植物、草坪	第 1 月执行相应项目 × 1
	第 2、3 月按相应项目 × 0.7
	第 4 月起按相应项目 × 0.4
水生植物	第 1 月执行相应项目 × 1
	第 2 月起按相应项目 × 0.3

同时为适应我省不同的气候条件，根据现行国家标准《建筑气候区划标准》GB 50178 中的 7 个主气候区设置栽植工程植物养护气候区系数见下表，各地区可根据当地气候选择使用。

栽植工程植物养护气候区系数表

名　　称	建筑气候区划						
	Ⅰ气候区	Ⅱ气候区	Ⅲ气候区	Ⅳ气候区	Ⅴ气候区	Ⅵ气候区	Ⅶ气候区
全年平均降雨量（mm）	200～800	400～800	600～1600	1200～2000	800～1600	50～800	50～500
年降雨量系数	0.2	0.4	0.6	1.2	0.8	0.05	0.05 以下
气候区养护系数	1.5		1	0.85	1.1	2	

注：1. 年降雨量系数是以年平均降雨量 1000mm 为基数，以每个气候区的最小降雨量除以 1000mm 所得。

2. 本表系数适用于项目人工和水消耗量的调整。

二十、洒水车浇水适用于绿化施工现场无自有水源的情况，栽植工程植物养护期内按施工组织设计区分不同规格苗木或用水量执行洒水车浇水相应项目。栽植工程植物养护期不足 1 年时，按年折算成月使用。洒水车浇水项目包含 10km 内取水，超运距部分另行计算。

二十一、大规格树木移植和古树名木的保护性移植应符合国家及省行政主管部门的有关规定。超出项目规格上限的植物，由甲、乙双方在合同中另行约定。

二十二、本章按正常栽植季节考虑，正常植树季节为落叶后至出芽前，若遇非适宜季节栽植、养护，由甲、乙双方在合同中另行约定。

二十三、单独绿化工程的垂直运输费用可另行计算。

工程量计算规则

一、砍伐乔木、挖乔木树根、砍挖灌木按设计图示数量以“株”计算，砍挖竹类按设计图示数量以“株（丛）”计算，砍挖片植灌木和绿篱、铲挖水生植物、清除草皮、地被和露地花卉按设计图示尺寸以面积计算。

二、回填种植土按设计图示尺寸以体积计算。

三、人工换土按不同植物设计图示数量以“株”计算。四、整理绿化种植用地按设计图示尺寸以面积计算。五、绿地起坡造型按设计图示尺寸以体积计算。

六、乔木起挖和栽植分带土球和裸根按设计图示数量以“株”计算，养护分常绿和落叶按设计图示数量以“株”计算。

七、单株灌木起挖和栽植分带土球和裸根按设计图示数量以“株”计算，养护分常绿和落叶按设计图示数量以“株”计算；片植灌木起挖、栽植和养护按设计图示尺寸以面积计算；单排和双排绿篱起挖、栽植和养护按设计图示尺寸以延长米计算。

八、棕榈类起挖、栽植和养护按设计图示数量以“株”计算。

九、散生竹起挖、栽植和养护按设计图示数量以“株”计算，丛生竹起挖、栽植和养护按设计图示数量以“丛”计算。

十、攀缘植物起挖、栽植和养护按设计图示数量以“株”计算。

十一、地被植物、露地花卉和草坪的起挖、栽植及养护按设计图示尺寸以面积计算；盆花布置按设计图示数量以盆计，盆花养护执行露地花卉项目按设计图示尺寸以面积计算；植草砖内植草按植草砖铺装设计图示尺寸以面积计算。

十二、水生植物栽植按设计图示数量以“丛”计算（荷花栽植按“株”计算，两节以上带芽为 1 株），养护按设计图示尺寸以面积计算。

十三、垂直墙体绿化的龙骨基层、垂直绿化板、垂直绿化墙、沿口种植槽绿化和立体造型绿化按设计图示尺寸以面积计算；立体花卉基质填充按设计图示尺寸以体积计算，垂直墙体绿化养护按设计图示尺寸以面积计算。

十四、乔木、灌木、散生竹、棕榈类、攀缘植物和水生植物的运输按设计图示数量以“株”计算，丛生竹运输按设计图示数量以“丛”计算，盆花运输按设计图示数量以“盆”计算，散装花苗和球根、块根、宿根类花卉运输按设计图示数量以“株”计算，地被植物及草皮运输按设计图示尺寸以面积计算。

十五、洒水车浇水项目执行时，可按用水量或各类植物不同规格计算。按各类植物不同规格计算时，乔木和单株灌木按设计图示数量以“株”计算：单排、双排绿篱按设计图示尺寸以延长米计算；成片灌木按设计图示尺寸以面积计算：散生竹按设计图示数量以“株”计算，丛生竹按设计图示数量以“丛”计算；攀缘植物按设计图示数量以“株”计算；露地花卉、地被植物和草坪按设计图示尺寸以面积计算。

一、绿地整理

1. 砍伐乔木

工作内容： 锯干、截枝、集中堆放、装车外运、清理场地等。　　**计量单位：** 100株

编号				1-1	1-2	1-3	1-4
项目				砍伐乔木			
				干径 ≤ 10cm		干径 ≤ 20cm	
				运距 1km 以内	运距每增加 1km	运距 1km 以内	运距每增加 1km
名称			单位	消耗量			
人工	000106000	综合一类工	工日	3.310	—	16.640	—
材料	140301002	汽油 92#	L	19.930	—	22.140	—
机械	990401020	载重汽车 5t	台班	0.970	0.060	2.552	0.100

工作内容： 锯干、截枝、集中堆放、装车外运、清理场地等。　　**计量单位：** 100株

编号				1-5	1-6	1-7	1-8
项目				砍伐乔木			
				干径 ≤ 30cm		干径 ≤ 40cm	
				运距 1km 以内	运距每增加 1km	运距 1km 以内	运距每增加 1km
名称			单位	消耗量			
人工	000106000	综合一类工	工日	30.500	—	61.090	—
材料	140301002	汽油 92#	L	24.600	—	27.060	—
机械	990401020	载重汽车 5t	台班	3.730	0.165	5.600	0.272
	991257010	绿化高空修剪车 12m	台班	4.476	—	—	—
	990304012	汽车式起重机 12t	台班	—	—	6.720	—
	991257020	绿化高空修剪车 20m	台班	—	—	6.720	—

工作内容： 锯干、截枝、集中堆放、装车外运、清理场地等。　　**计量单位：** 100株

编号				1-9	1-10	1-11	1-12
项目				砍伐乔木			
				干径 ≤ 50cm		干径 > 50cm	
				运距 1km 以内	运距每增加 1km	运距 1km 以内	运距每增加 1km
名称			单位	消耗量			
人工	000106000	综合一类工	工日	90.680	—	203.320	—
材料	140301002	汽油 92#	L	29.770	—	32.740	—
机械	990401020	载重汽车 5t	台班	8.400	0.448	—	—

续前

编号				1-9	1-10	1-11	1-12
项目				砍伐乔木			
				干径≤50cm		干径＞50cm	
				运距1km以内	运距每增加1km	运距1km以内	运距每增加1km
		名称	单位	消耗量			
机械	990304016	汽车式起重机 16t	台班	10.910	—	13.320	—
	991257020	绿化高空修剪车 20m	台班	10.910	—	13.320	—
	990401030	载重汽车 8t	台班	—	—	12.590	0.537

2. 挖乔木树根

工作内容：挖树根（蔸）、集中堆放、装车外运、清理场地等。 **计量单位：**100株

编号				1-13	1-14	1-15	1-16
项目				挖乔木树根			
				干径≤20cm		干径≤30cm	
				运距1km以内	运距每增加1km	运距1km以内	运距每增加1km
		名称	单位	消耗量			
人工	000106000	综合一类工	工日	19.970	—	36.600	—
机械	990401030	载重汽车 8t	台班	0.887	0.018	1.608	0.030
	990304004	汽车式起重机 8t	台班	0.343	—	0.855	—

工作内容：挖树根（蔸）、集中堆放、装车外运、清理场地等。 **计量单位：**100株

编号				1-17	1-18	1-19	1-20
项目				挖乔木树根			
				干径≤40cm		干径≤50cm	
				运距1km以内	运距每增加1km	运距1km以内	运距每增加1km
		名称	单位	消耗量			
人工	000106000	综合一类工	工日	73.310	—	108.820	—
机械	990401030	载重汽车 8t	台班	2.331	0.050	3.496	0.075
	990304004	汽车式起重机 8t	台班	1.565	—	2.637	—

工作内容：挖树根（蔸）、集中堆放、装车外运、清理场地等。 **计量单位：**100株

编号				1-21	1-22
项目				挖乔木树根	
				干径＞50cm	
				运距1km以内	运距每增加1km
		名称	单位	消耗量	
人工	000106000	综合一类工	工日	243.980	—

续前

编号				1-21	1-22
项目				挖乔木树根	
				干径 > 50cm	
				运距 1km 以内	运距每增加 1km
名称			单位	消耗量	
机械	990401030	载重汽车 8t	台班	4.894	0.105
	990304004	汽车式起重机 8t	台班	3.915	—

3. 砍挖灌木

工作内容：砍挖、集中堆放、装车外运、清理场地等。 **计量单位：**100 株

编号				1-23	1-24	1-25	1-26
项目				砍挖单株灌木			
				冠径 ≤ 60cm		冠径 ≤ 80cm	
				运距 1km 以内	运距每增加 1km	运距 1km 以内	运距每增加 1km
名称			单位	消耗量			
人工	000106000	综合一类工	工日	2.150	—	2.470	—
机械	990401020	载重汽车 5t	台班	0.217	0.014	0.315	0.015

工作内容：砍挖、集中堆放、装车外运、清理场地等。 **计量单位：**100 株

编号				1-27	1-28	1-29	1-30
项目				砍挖单株灌木			
				冠径 ≤ 100cm		冠径 ≤ 150cm	
				运距 1km 以内	运距每增加 1km	运距 1km 以内	运距每增加 1km
名称			单位	消耗量			
人工	000106000	综合一类工	工日	3.000	—	6.000	—
机械	990401020	载重汽车 5t	台班	0.413	0.018	0.819	0.028

工作内容：砍挖、集中堆放、装车外运、清理场地等。 **计量单位：**100 株

编号				1-31	1-32	1-33	1-34
项目				砍挖单株灌木			
				冠径 ≤ 200cm		冠径 ≤ 250cm	
				运距 1km 以内	运距每增加 1km	运距 1km 以内	运距每增加 1km
名称			单位	消耗量			
人工	000106000	综合一类工	工日	10.000	—	17.000	—
机械	990401020	载重汽车 5t	台班	1.222	0.044	1.782	0.082

工作内容：砍挖、集中堆放、装车外运、清理场地等。　　　　**计量单位：**$100m^2$

编号				1-35	1-36
项目				砍挖片植灌木和绿篱	
				运距 1km 以内	运距每增加 1km
名称			单位	消耗量	
人工	000106000	综合一类工	工日	3.430	—
机械	990401020	载重汽车 5t	台班	0.496	0.021

4. 砍挖竹类

工作内容：截干、挖竹根、集中堆放、装车外运、清理场地等。　　　　**计量单位：**100 株

编号				1-37	1-38	1-39	1-40
项目				砍挖散生竹			
				胸径 ≤ 2cm		胸径 ≤ 4cm	
				运距 1km 以内	运距每增加 1km	运距 1km 以内	运距每增加 1km
名称			单位	消耗量			
人工	000106000	综合一类工	工日	0.795	—	1.136	—
机械	990401020	载重汽车 5t	台班	0.064	0.005	0.087	0.006

工作内容：截干、挖竹根、集中堆放、装车外运、清理场地等。　　　　**计量单位：**100 株

编号				1-41	1-42	1-43	1-44
项目				砍挖散生竹			
				胸径 ≤ 6cm		胸径 ≤ 8cm	
				运距 1km 以内	运距每增加 1km	运距 1km 以内	运距每增加 1km
名称			单位	消耗量			
人工	000106000	综合一类工	工日	1.623	—	2.318	—
机械	990401020	载重汽车 5t	台班	0.118	0.007	0.160	0.007

工作内容：截干、挖竹根、集中堆放、装车外运、清理场地等。　　　　**计量单位：**见表

编号				1-45	1-46	1-47	1-48
项目				砍挖散生竹		砍挖丛生竹	
				胸径 ≤ 10cm		根盘丛径 ≤ 30cm	
				运距 1km 以内	运距每增加 1km	运距 1km 以内	运距每增加 1km
单位				100 株		100 丛	
名称			单位	消耗量			
人工	000106000	综合一类工	工日	3.312	—	1.050	—
机械	990401020	载重汽车 5t	台班	0.217	0.008	0.175	0.014

工作内容：截干、挖竹根、集中堆放、装车外运、清理场地等。 **计量单位：**100 丛

编号				1-49	1-50	1-51	1-52
项目				砍挖丛生竹			
				根盘丛径 ≤ 40cm		根盘丛径 ≤ 50cm	
				运距 1km 以内	运距每增加 1km	运距 1km 以内	运距每增加 1km
名称			单位	消耗量			
人工	000106000	综合一类工	工日	1.950	—	3.600	—
机械	990401020	载重汽车 5t	台班	0.294	0.017	0.581	0.021

工作内容：截干、挖竹根、集中堆放、装车外运、清理场地等。 **计量单位：**100 丛

编号				1-53	1-54	1-55	1-56
项目				砍挖丛生竹			
				根盘丛径 ≤ 60cm		根盘丛径 ≤ 70cm	
				运距 1km 以内	运距每增加 1km	运距 1km 以内	运距每增加 1km
名称			单位	消耗量			
人工	000106000	综合一类工	工日	6.000	—	6.750	—
机械	990401020	载重汽车 5t	台班	0.819	0.024	0.946	0.028

工作内容：截干、挖竹根、集中堆放、装车外运、清理场地等。 **计量单位：**100 丛

编号				1-57	1-58
项目				砍挖丛生竹	
				根盘丛径 ≤ 80cm	
				运距 1km 以内	运距每增加 1km
名称			单位	消耗量	
人工	000106000	综合一类工	工日	9.000	—
机械	990401020	载重汽车 5t	台班	1.099	0.032

5. 铲挖水生植物

工作内容：铲挖、集中堆放、装车外运、清理场地等。 **计量单位：**$100m^2$

编号				1-59	1-60
项目				铲挖水生植物	
				运距 1km 以内	运距每增加 1km
名称			单位	消耗量	
人工	000106000	综合一类工	工日	2.500	—
机械	990401020	载重汽车 5t	台班	0.196	0.007

6. 清除草皮、地被、露地花卉

工作内容：铲除厚≤100mm泥土的根、苑，集中堆放、装车外运、清理场地等。　　**计量单位：**100m²

编号				1-61	1-62
项目				清除草皮、地被、露地花卉	
				运距1km以内	运距每增加1km
名称			单位	消耗量	
人工	000106000	综合一类工	工日	2.100	—
机械	990401020	载重汽车 5t	台班	0.182	0.007

7. 回填种植土

工作内容：取土、碎土、分层回填、耙细、平整、清除杂物、集中堆放、清理现场、排地表水等。　　**计量单位：**10m³

编号				1-63	1-64
项目				人工回填种植土	机械回填种植土
名称			单位	消耗量	
人工	000106000	综合一类工	工日	1.500	0.060
材料	322900001	种植土	m³	10.500	10.500
机械	990101025	履带式推土机 105kW	台班	—	0.060

8. 人工单株（坑）换土

（1）乔木人工换土

工作内容：取土、装土、运到坑边等。　　**计量单位：**10株

编号				1-65	1-66	1-67	1-68
项目				带土球乔木人工换土			
				胸径≤4cm/干径≤6cm	胸径≤6cm/干径≤8cm	胸径≤8cm/干径≤10cm	胸径≤10cm/干径≤12cm
名称			单位	消耗量			
人工	000106000	综合一类工	工日	0.085	0.160	0.262	0.510
材料	322900001	种植土	m³	0.540	1.020	1.670	3.250

工作内容：取土、装土、运到坑边等。　　**计量单位：**10株

编号				1-69	1-70	1-71	1-72
项目				带土球乔木人工换土			
				胸径≤12cm/干径≤14cm	胸径≤14cm/干径≤16cm	胸径≤16cm/干径≤18cm	胸径≤18cm/干径≤20cm
名称			单位	消耗量			
人工	000106000	综合一类工	工日	0.882	1.258	1.782	2.214
材料	322900001	种植土	m³	5.620	8.010	11.350	14.100

工作内容： 取土、装土、运到坑边等。　　**计量单位：** 10 株

编号				1-73	1-74	1-75	1-76
项目				带土球乔木人工换土			
				胸径 ≤ 20cm/干径 ≤ 24cm	胸径 ≤ 24cm/干径 ≤ 28cm	胸径 ≤ 28cm/干径 ≤ 32cm	胸径 ≤ 32cm/干径 ≤ 35cm
名称			单位	消耗量			
人工	000106000	综合一类工	工日	2.699	3.322	5.161	6.705
材料	322900001	种植土	m^3	17.190	21.160	32.870	42.710

工作内容： 取土、装土、运到坑边等。　　**计量单位：** 10 株

编号				1-77	1-78	1-79	1-80
项目				带土球乔木人工换土			
				胸径 ≤ 35cm/干径 ≤ 40cm	胸径 ≤ 40cm/干径 ≤ 45cm	胸径 ≤ 45cm/干径 ≤ 50cm	胸径 ≤ 50cm/干径 ≤ 55cm
名称			单位	消耗量			
人工	000106000	综合一类工	工日	8.018	10.516	12.619	14.512
材料	322900001	种植土	m^3	51.070	66.980	70.329	73.845

工作内容： 取土、装土、运到坑边等。　　**计量单位：** 10 株

编号				1-81	1-82	1-83	1-84
项目				裸根乔木人工换土			
				胸径 ≤ 4cm/干径 ≤ 6cm	胸径 ≤ 6cm/干径 ≤ 8cm	胸径 ≤ 8cm/干径 ≤ 10cm	胸径 ≤ 10cm/干径 ≤ 12cm
名称			单位	消耗量			
人工	000106000	综合一类工	工日	0.024	0.086	0.182	0.308
材料	322900001	种植土	m^3	0.594	1.122	1.837	3.575

工作内容： 取土、装土、运到坑边等。　　**计量单位：** 10 株

编号				1-85	1-86	1-87	1-88
项目				裸根乔木人工换土			
				胸径 ≤ 12cm/干径 ≤ 14cm	胸径 ≤ 14cm/干径 ≤ 16cm	胸径 ≤ 16cm/干径 ≤ 18cm	胸径 ≤ 18cm/干径 ≤ 20cm
名称			单位	消耗量			
人工	000106000	综合一类工	工日	0.506	0.776	1.218	1.685
材料	322900001	种植土	m^3	6.182	8.811	12.485	15.510

工作内容：取土、装土、运到坑边等。 计量单位：10株

编号				1-89	1-90	1-91	1-92
项目				裸根乔木人工换土			
				胸径≤20cm/干径≤24cm	胸径≤24cm/干径≤28cm	胸径≤28cm/干径≤32cm	胸径≤32cm/干径≤35cm
名称			单位	消耗量			
人工	000106000	综合一类工	工日	2.256	3.616	4.946	6.010
材料	322900001	种植土	m^3	19.650	25.550	40.110	55.920

工作内容：取土、装土、运到坑边等。 计量单位：10株

编号				1-93	1-94	1-95	1-96
项目				裸根乔木人工换土			
				胸径≤35cm/干径≤40cm	胸径≤40cm/干径≤45cm	胸径≤45cm/干径≤50cm	胸径≤50cm/干径≤55cm
名称			单位	消耗量			
人工	000106000	综合一类工	工日	7.844	9.748	11.698	14.037
材料	322900001	种植土	m^3	61.512	67.663	74.430	81.872

（2）灌木人工换土

工作内容：取土、装土、运到坑边等。 计量单位：10株

编号				1-97	1-98	1-99	1-100	1-101	1-102
项目				带土球灌木人工换土					
				冠径（cm）					
				≤40	≤60	≤80	≤100	≤150	≤200
名称			单位	消耗量					
人工	000106000	综合一类工	工日	0.019	0.027	0.100	0.181	0.265	0.350
材料	322900001	种植土	m^3	0.120	0.170	0.640	1.150	1.690	2.230

工作内容：取土、装土、运到坑边等。 计量单位：10株

编号				1-103	1-104	1-105	1-106	1-107
项目				带土球灌木人工换土				
				冠径（cm）				
				≤250	≤300	≤350	≤400	>400
名称			单位	消耗量				
人工	000106000	综合一类工	工日	0.476	0.593	0.845	1.214	1.531
材料	322900001	种植土	m^3	3.030	3.780	5.380	7.730	9.750

工作内容：取土、装土、运到坑边等。 **计量单位：**10 株

编号				1-108	1-109	1-110	1-111	1-112	1-113
项目				裸根灌木人工换土					
				冠径（cm）					
				≤ 40	≤ 60	≤ 80	≤ 100	≤ 150	≤ 200
名称			单位	消耗量					
人工	000106000	综合一类工	工日	0.005	0.010	0.035	0.078	0.148	0.280
材料	322900001	种植土	m^3	0.100	0.160	0.610	1.260	1.950	2.760

工作内容：取土、装土、运到坑边等。 **计量单位：**10 株

编号				1-114	1-115	1-116	1-117	1-118
项目				裸根灌木人工换土				
				冠径（cm）				
				≤ 250	≤ 300	≤ 350	≤ 400	> 400
名称			单位	消耗量				
人工	000106000	综合一类工	工日	0.470	0.500	0.610	0.855	1.246
材料	322900001	种植土	m^3	3.890	5.150	7.690	11.180	15.020

（3）竹类人工换土

工作内容：取土、装土、运到坑边等。 **计量单位：**10 株

编号				1-119	1-120	1-121	1-122	1-123
项目				散生竹人工换土				
				胸径（cm）				
				≤ 2	≤ 4	≤ 6	≤ 8	≤ 10
名称			单位	消耗量				
人工	000106000	综合一类工	工日	0.024	0.049	0.080	0.118	0.163
材料	322900001	种植土	m^3	0.150	0.310	0.510	0.750	1.040

工作内容：取土、装土、运到坑边等。 **计量单位：**10 丛

编号				1-124	1-125	1-126	1-127	1-128	1-129
项目				丛生竹人工换土					
				根盘丛径（cm）					
				≤ 30	≤ 40	≤ 50	≤ 60	≤ 70	≤ 80
名称			单位	消耗量					
人工	000106000	综合一类工	工日	0.127	0.182	0.287	0.399	0.499	0.570
材料	322900001	种植土	m^3	0.810	1.160	1.830	2.540	3.180	3.630

（4）棕榈类人工换土

工作内容：取土、装土、运到坑边等。　　**计量单位：**10株

编号				1-130	1-131	1-132	1-133	1-134	1-135
项目				棕榈类人工换土					
				地径（cm）					
				≤15	≤20	≤25	≤30	≤35	≤40
名称			单位	消耗量					
人工	000106000	综合一类工	工日	0.024	0.071	0.107	0.163	0.217	0.278
材料	322900001	种植土	m^3	0.150	0.450	0.680	1.040	1.380	1.770

工作内容：取土、装土、运到坑边等。　　**计量单位：**10株

编号				1-136	1-137	1-138	1-139	1-140	1-141
项目				棕榈类人工换土					
				地径（cm）					
				≤45	≤50	≤55	≤60	≤70	≤80
名称			单位	消耗量					
人工	000106000	综合一类工	工日	0.367	0.444	0.761	0.934	1.075	1.388
材料	322900001	种植土	m^3	2.340	2.830	4.850	5.950	6.850	8.840

9. 整理绿化种植地

工作内容：就地挖填厚度≤30cm、耙细、平整、找坡、清理石子杂物、排地表水等。　　**计量单位：**$100m^2$

编号				1-142
项目				整理绿化种植地
名称			单位	消耗量
人工	000106000	综合一类工	工日	3.258

10. 绿地起坡造型

工作内容：放线、设置标高桩、土方倒运、堆土、压实、修坡整形等。　　**计量单位：**$10m^3$

编号				1-143	1-144
项目				人工堆置造型	机械堆置造型
名称			单位	消耗量	
人工	000106000	综合一类工	工日	1.936	0.156
材料	322900001	种植土	m^3	11.000	11.000
机械	990101025	履带式推土机 105kW	台班	—	0.120

11. 机械挖树坑

工作内容：挖土、就近堆放。　　**计量单位：**$10m^3$

编　　号				1-145
项　　目				机械挖树坑
名　　称			单位	消　耗　量
机械	990106100	履带式反铲单斗液压挖掘机 $0.6m^3$	台班	0.027

二、起 挖 植 物

1. 起 挖 乔 木

（1）起挖带土球乔木

工作内容：修剪、起挖、土球包扎、枝干整理、出坑、场内运输、回土填坑、场地清理等。　　**计量单位：**10 株

编　　号				1-146	1-147	1-148	1-149
项　　目				起挖乔木（带土球）			
				胸径 ≤ 4cm/干径 ≤ 6cm	胸径 ≤ 6cm/干径 ≤ 8cm	胸径 ≤ 8cm/干径 ≤ 10cm	胸径 ≤ 10cm/干径 ≤ 12cm
名　　称			单位	消　耗　量			
人工	000106000	综合一类工	工日	0.700	1.600	3.360	6.700
材料	022901007	草绳	kg	10.000	13.500	18.000	24.000

注：满堂式钢管支架定额只含搭拆，使用费由各地区部门自行制定调整办法，工程量按每立方米空间体积 50kg 计算（包括扣件等）。

工作内容：修剪、起挖、土球包扎、枝干整理、出坑、场内运输、回土填坑、场地清理等。　　**计量单位：**10 株

编　　号				1-150	1-151	1-152	1-153
项　　目				起挖乔木（带土球）			
				胸径 ≤ 12cm/干径 ≤ 14cm	胸径 ≤ 14cm/干径 ≤ 16cm	胸径 ≤ 16cm/干径 ≤ 18cm	胸径 ≤ 18cm/干径 ≤ 20cm
名　　称			单位	消　耗　量			
人工	000106000	综合一类工	工日	9.425	12.812	16.023	19.591
材料	022905002	麻袋	m^2	—	—	—	33.600
	031507018	镀锌铁丝 ϕ2.8～4.0	kg	—	—	—	15.000
	022901007	草绳	kg	32.000	42.250	56.250	36.500

续前

编号				1-150	1-151	1-152	1-153
项目				起挖乔木（带土球）			
				胸径 ≤ 12cm/干径 ≤ 14cm	胸径 ≤ 14cm/干径 ≤ 16cm	胸径 ≤ 16cm/干径 ≤ 18cm	胸径 ≤ 18cm/干径 ≤ 20cm
名称			单位	消耗量			
机械	990304016	汽车式起重机 16t	台班	—	—	0.333	0.395
	990304004	汽车式起重机 8t	台班	0.234	0.297	—	—

注：满堂式钢管支架定额只含搭拆，使用费由各地区部门自行制定调整办法，工程量按每立方米空间体积 50kg 计算（包括扣件等）。

工作内容：修剪、起挖、土球包扎、枝干整理、出坑、场内运输、回土填坑、场地清理等。

计量单位：10 株

编号				1-154	1-155	1-156	1-157
项目				起挖乔木（带土球）			
				胸径 ≤ 20cm/干径 ≤ 24cm	胸径 ≤ 24cm/干径 ≤ 28cm	胸径 ≤ 28cm/干径 ≤ 32cm	胸径 ≤ 32cm/干径 ≤ 35cm
名称			单位	消耗量			
人工	000106000	综合一类工	工日	23.681	28.417	34.785	41.742
材料	022901007	草绳	kg	45.625	56.250	67.500	80.625
	022905002	麻袋	m^2	41.400	50.000	59.800	69.600
	031507018	镀锌铁丝ϕ 2.8～4.0	kg	19.300	21.100	23.050	25.000
机械	990304016	汽车式起重机 16t	台班	0.542	0.749	1.050	1.352

工作内容：修剪、起挖、土球包扎、枝干整理、出坑、场内运输、回土填坑、场地清理等。

计量单位：10 株

编号				1-158	1-159	1-160	1-161
项目				起挖乔木（带土球）			
				胸径 ≤ 35cm/干径 ≤ 40cm	胸径 ≤ 40cm/干径 ≤ 45cm	胸径 ≤ 45cm/干径 ≤ 50cm	胸径 ≤ 50cm/干径 ≤ 55cm
名称			单位	消耗量			
人工	000106000	综合一类工	工日	50.090	60.108	72.130	82.949
材料	022901007	草绳	kg	96.750	116.000	139.200	160.080
	022905002	麻袋	m^2	95.200	114.240	137.088	157.651
	031507018	镀锌铁丝ϕ 2.8～4.0	kg	29.300	35.160	42.192	48.521
机械	990304024	汽车式起重机 25t	台班	1.768	2.028	2.434	2.799

（2）起挖裸根乔木

工作内容：修剪、起挖、枝干整理、出坑、场内运输、回土填坑、场地清理等。　　**计量单位：**10 株

编号				1-162	1-163	1-164	1-165
项目				起挖乔木（裸根）			
				胸径 ≤ 4cm/ 干径 ≤ 6cm	胸径 ≤ 6cm/ 干径 ≤ 8cm	胸径 ≤ 8cm/ 干径 ≤ 10cm	胸径 ≤ 10cm/ 干径 ≤ 12cm
名称			单位	消耗量			
人工	000106000	综合一类工	工日	0.400	0.800	1.365	2.250

工作内容：修剪、起挖、枝干整理、出坑、场内运输、回土填坑、场地清理等。　　**计量单位：**10 株

编号				1-166	1-167	1-168	1-169
项目				起挖乔木（裸根）			
				胸径 ≤ 12cm/ 干径 ≤ 14cm	胸径 ≤ 14cm/ 干径 ≤ 16cm	胸径 ≤ 16cm/ 干径 ≤ 18cm	胸径 ≤ 18cm/ 干径 ≤ 20cm
名称			单位	消耗量			
人工	000106000	综合一类工	工日	3.600	5.360	7.650	10.320
机械	990304004	汽车式起重机 8t	台班	0.072	0.092	0.102	0.122

工作内容：修剪、起挖、枝干整理、出坑、场内运输、回土填坑、场地清理等。　　**计量单位：**10 株

编号				1-170	1-171	1-172	1-173
项目				起挖乔木（裸根）			
				胸径 ≤ 20cm/ 干径 ≤ 24cm	胸径 ≤ 24cm/ 干径 ≤ 28cm	胸径 ≤ 28cm/ 干径 ≤ 32cm	胸径 ≤ 32cm/ 干径 ≤ 35cm
名称			单位	消耗量			
人工	000106000	综合一类工	工日	13.340	16.700	21.042	26.186
机械	990304016	汽车式起重机 16t	台班	0.167	0.230	0.366	0.417

工作内容：修剪、起挖、枝干整理、出坑、场内运输、回土填坑、场地清理等。　　**计量单位：**10 株

编号				1-174	1-175	1-176	1-177
项目				起挖乔木（裸根）			
				胸径 ≤ 35cm/ 干径 ≤ 40cm	胸径 ≤ 40cm/ 干径 ≤ 45cm	胸径 ≤ 45cm/ 干径 ≤ 50cm	胸径 ≤ 50cm/ 干径 ≤ 55cm
名称			单位	消耗量			
人工	000106000	综合一类工	工日	32.078	38.493	46.192	53.120
机械	990304024	汽车式起重机 25t	台班	0.545	0.625	0.750	0.863

2. 起挖灌木

工作内容：起挖、修剪、土球包扎、枝干整理、出坑、场内运输、回土填坑、场地清理等。 **计量单位：**10 株

编号				1-178	1-179	1-180	1-181
项目				起挖灌木（带土球）			
				冠径（cm）			
				≤20	≤40	≤60	≤80
名称			单位	消耗量			
人工	000106000	综合一类工	工日	0.059	0.108	0.203	0.370
材料	022901007	草绳	kg	1.000	1.500	2.250	3.750

工作内容：起挖、修剪、土球包扎、枝干整理、出坑、场内运输、回土填坑、场地清理等。 **计量单位：**10 株

编号				1-182	1-183	1-184	1-185
项目				起挖灌木（带土球）			
				冠径（cm）			
				≤100	≤150	≤200	≤250
名称			单位	消耗量			
人工	000106000	综合一类工	工日	0.697	1.315	2.641	5.204
材料	022901007	草绳	kg	6.500	11.500	21.000	29.500
机械	990304004	汽车式起重机 8t	台班	—	—	—	0.072

工作内容：起挖、修剪、枝杆整理、出坑、场内运输、回土填坑、场地清理等。 **计量单位：**10 株

编号				1-186	1-187	1-188	1-189
项目				起挖灌木（带土球）			
				冠径（cm）			
				≤300	≤350	≤400	>400
名称			单位	消耗量			
人工	000106000	综合一类工	工日	10.346	20.465	36.347	58.112
材料	022901007	草绳	kg	41.500	54.000	70.000	100.000
机械	990304004	汽车式起重机 8t	台班	0.087	0.124	0.173	0.260

工作内容：起挖、修剪、枝干整理、出坑、场内运输、回土填坑、场地清理等。 **计量单位：**10 株

编号				1-190	1-191	1-192	1-193
项目				起挖灌木（裸根）			
				冠径（cm）			
				≤20	≤40	≤60	≤80
名称			单位	消耗量			
人工	000106000	综合一类工	工日	0.007	0.026	0.049	0.092

工作内容：起挖、修剪、枝干整理、出坑、场内运输、回土填坑、场地清理等。　　**计量单位：**10株

编　号				1-194	1-195	1-196	1-197
项　目				起挖灌木（裸根）			
				冠径（cm）			
				≤100	≤150	≤200	≤250
名　称			单位	消　耗　量			
人工	000106000	综合一类工	工日	0.171	0.317	0.583	1.086
机械	990304004	汽车式起重机 8t	台班	—	—	—	0.022

工作内容：起挖、修剪、枝干整理、出坑、场内运输、回土填坑、场地清理等。　　**计量单位：**10株

编　号				1-198	1-199	1-200	1-201
项　目				起挖灌木（裸根）			
				冠径（cm）			
				≤300	≤350	≤400	>400
名　称			单位	消　耗　量			
人工	000106000	综合一类工	工日	2.043	3.826	6.188	9.969
机械	990304004	汽车式起重机 8t	台班	0.027	0.038	0.053	0.080

3. 起挖绿篱

工作内容：起挖、包扎、出坑、修剪、场内运输、回土填坑、场地清理等。　　**计量单位：**10m

编　号				1-202	1-203	1-204	1-205
项　目				起挖单排绿篱			
				高度（cm）			
				≤40	≤60	≤80	≤100
名　称			单位	消　耗　量			
人工	000106000	综合一类工	工日	0.146	0.172	0.216	0.272
材料	022901007	草绳	kg	1.900	2.300	3.200	4.200

工作内容：起挖、包扎、出坑、修剪、场内运输、回土填坑、场地清理等。　　**计量单位：**10m

编　号				1-206	1-207	1-208	1-209
项　目				起挖单排绿篱			
				高度（cm）			
				≤120	≤150	≤200	>200
名　称			单位	消　耗　量			
人工	000106000	综合一类工	工日	0.353	0.452	0.543	0.624
材料	022901007	草绳	kg	4.500	5.200	5.980	6.877

工作内容：起挖、包扎、出坑、修剪、场内运输、回土填坑、场地清理等。　　**计量单位：**10m

编号				1-210	1-211	1-212	1-213
项目				起挖双排绿篱			
				高度（cm）			
				≤40	≤60	≤80	≤100
名称			单位	消耗量			
人工	000106000	综合一类工	工日	0.291	0.343	0.404	0.488
材料	022901007	草绳	kg	3.800	4.500	6.400	8.300

工作内容：起挖、包扎、出坑、修剪、场内运输、回土填坑、场地清理等。　　**计量单位：**10m

编号				1-214	1-215	1-216	1-217
项目				起挖双排绿篱			
				高度（cm）			
				≤120	≤150	≤200	>200
名称			单位	消耗量			
人工	000106000	综合一类工	工日	0.578	0.686	0.789	0.907
材料	022901007	草绳	kg	9.000	10.200	11.220	12.342

4. 起挖棕榈类

工作内容：起挖、包扎、出坑、修剪、场内运输、回土填坑、场地清理等。　　**计量单位：**10株

编号				1-218	1-219	1-220	1-221
项目				起挖棕榈类			
				地径（cm）			
				≤15	≤20	≤25	≤30
名称			单位	消耗量			
人工	000106000	综合一类工	工日	3.569	4.461	5.984	7.506
材料	022901007	草绳	kg	20.000	27.500	33.750	40.000

工作内容：起挖、包扎、出坑、修剪、场内运输、回土填坑、场地清理等。　　**计量单位：**10株

编号				1-222	1-223	1-224	1-225
项目				起挖棕榈类			
				地径（cm）			
				≤35	≤40	≤45	≤50
名称			单位	消耗量			
人工	000106000	综合一类工	工日	8.450	9.710	10.655	13.778
材料	022901007	草绳	kg	55.000	75.000	85.000	90.000

续前

编 号				1-222	1-223	1-224	1-225
项 目				起挖棕榈类			
				地径（cm）			
				≤35	≤40	≤45	≤50
名 称			单位	消 耗 量			
机械	990304004	汽车式起重机 8t	台班	—	—	0.136	0.187

工作内容： 起挖、包扎、出坑、修剪、场内运输、回土填坑、场地清理等。 **计量单位：** 10株

编 号				1-226	1-227	1-228	1-229
项 目				起挖棕榈类			
				地径（cm）			
				≤55	≤60	≤70	≤80
名 称			单位	消 耗 量			
人工	000106000	综合一类工	工日	16.844	19.910	22.976	26.041
材料	022901007	草绳	kg	95.000	100.000	105.000	110.000
机械	990304004	汽车式起重机 8t	台班	0.250	0.349	0.443	0.543

5. 起挖竹类

工作内容： 起挖、出坑、修剪、场内运输、回土填坑、场地清理等。 **计量单位：** 10株

编 号				1-230	1-231	1-232	1-233	1-234
项 目				起挖竹类（散生竹）				
				胸径（cm）				
				≤2	≤4	≤6	≤8	≤10
名 称			单位	消 耗 量				
人工	000106000	综合一类工	工日	0.180	0.360	0.540	0.900	1.500

工作内容： 起挖、包扎、出坑、修剪、场内运输、回土填坑、场地清理等。 **计量单位：** 10丛

编 号				1-235	1-236	1-237	1-238	1-239	1-240
项 目				起挖竹类（丛生竹）					
				根盘丛径（cm）					
				≤30	≤40	≤50	≤60	≤70	≤80
名 称			单位	消 耗 量					
人工	000106000	综合一类工	工日	0.420	0.780	1.440	2.400	2.820	3.300
材料	022901007	草绳	kg	5.000	8.000	10.000	12.000	15.000	20.000

6. 起挖攀缘植物

工作内容：起挖、修剪、场内运输、场地清理等。　　　　**计量单位：**10 株

编号				1-241	1-242	1-243
项目				起挖攀缘植物		
				地径（cm）		
				≤ 1	≤ 3	≤ 5
名称			单位	消耗量		
人工	000106000	综合一类工	工日	0.024	0.073	0.158

7. 起挖地被、水生植物、露地花卉、草坪

工作内容：起挖、场内运输、场地清理等。　　　　**计量单位：**$100m^2$

编号				1-244	1-245	1-246	1-247
项目				起挖地被植物			
				密度（株/m^2）			
				≤ 20	≤ 50	≤ 80	≤ 100
名称			单位	消耗量			
人工	000106000	综合一类工	工日	3.300	3.500	3.700	4.000

工作内容：起挖、场内运输、场地清理等。　　　　**计量单位：**$100m^2$

编号				1-248	1-249	1-250	1-251
项目				起挖水生植物	起挖露地花卉		起挖草坪
					一、二年生草本花	球根、块根、宿根类	
名称			单位	消耗量			
人工	000106000	综合一类工	工日	3.000	0.400	1.200	1.400

三、汽车运输苗木

1. 乔 木 运 输

工作内容：装车、绑扎固定、场内运输、卸车、按指定地点放置等。　　　　**计量单位：**100 株

编号				1-252	1-253	1-254	1-255
项目				乔木运输			
				胸径 ≤ 4cm/干径 ≤ 6cm		胸径 ≤ 6cm/干径 ≤ 8cm	
				运距 1km 以内	运距每增加 1km	运距 1km 以内	运距每增加 1km
名称			单位	消耗量			
人工	000206000	综合二类工	工日	0.200	—	0.900	—

续前

编　　号				1-252	1-253	1-254	1-255
项　　目				乔木运输			
				胸径 ≤ 4cm/干径 ≤ 6cm		胸径 ≤ 6cm/干径 ≤ 8cm	
				运距 1km 以内	运距每增加 1km	运距 1km 以内	运距每增加 1km
	名　　称		单位	消　耗　量			
机械	990401020	载重汽车 5t	台班	0.590	0.020	1.170	0.040

工作内容：装车、绑扎固定、运输、卸车、按指定地点放置等。　　计量单位：100 株

编　　号				1-256	1-257	1-258	1-259
项　　目				乔木运输			
				胸径 ≤ 8cm/干径 ≤ 10cm		胸径 ≤ 10cm/干径 ≤ 12cm	
				运距 1km 以内	运距每增加 1km	运距 1km 以内	运距每增加 1km
	名　　称		单位	消　耗　量			
人工	000206000	综合二类工	工日	2.668	—	4.168	—
机械	990401020	载重汽车 5t	台班	1.430	0.060	1.940	0.070
	990304004	汽车式起重机 8t	台班	—	—	1.940	—

工作内容：装车、绑扎固定、场内运输、卸车、按指定地点放置等。　　计量单位：100 株

编　　号				1-260	1-261	1-262	1-263
项　　目				乔木运输			
				胸径 ≤ 12cm/干径 ≤ 14cm		胸径 ≤ 14cm/干径 ≤ 16cm	
				运距 1km 以内	运距每增加 1km	运距 1km 以内	运距每增加 1km
	名　　称		单位	消　耗　量			
人工	000206000	综合二类工	工日	7.202	—	9.150	—
机械	990401020	载重汽车 5t	台班	2.630	0.130	3.680	0.150
	990304004	汽车式起重机 8t	台班	2.630	—	3.680	—

工作内容：装车、绑扎固定、场内运输、卸车、按指定地点放置等。　　计量单位：100 株

编　　号				1-264	1-265	1-266	1-267
项　　目				乔木运输			
				胸径 ≤ 16cm/干径 ≤ 18cm		胸径 ≤ 18cm/干径 ≤ 20cm	
				运距 1km 以内	运距每增加 1km	运距 1km 以内	运距每增加 1km
	名　　称		单位	消　耗　量			
人工	000206000	综合二类工	工日	10.239	—	12.149	—
机械	990401030	载重汽车 8t	台班	3.864	0.155	4.439	0.178
	990304004	汽车式起重机 8t	台班	3.864	—	4.439	—

工作内容：装车、绑扎固定、场内运输、卸车、按指定地点放置等。　　**计量单位：**100 株

编　号				1-268	1-269	1-270	1-271
项　目				乔木运输			
				胸径 ≤ 20cm/干径 ≤ 24cm		胸径 ≤ 24cm/干径 ≤ 28cm	
				运距 1km 以内	运距每增加 1km	运距 1km 以内	运距每增加 1km
名　称			单位	消　耗　量			
人工	000206000	综合二类工	工日	16.665	—	23.057	—
机械	990401030	载重汽车 8t	台班	5.105	0.204	6.126	0.245
	990304004	汽车式起重机 8t	台班	5.105	—	6.126	—

工作内容：装车、绑扎固定、场内运输、卸车、按指定地点放置等。　　**计量单位：**100 株

编　号				1-272	1-273	1-274	1-275
项　目				乔木运输			
				胸径 ≤ 28cm/干径 ≤ 32cm		胸径 ≤ 32cm/干径 ≤ 35cm	
				运距 1km 以内	运距每增加 1km	运距 1km 以内	运距每增加 1km
名　称			单位	消　耗　量			
人工	000206000	综合二类工	工日	41.190	—	57.289	—
机械	990401040	载重汽车 12t	台班	6.432	0.257	7.397	0.296
	990304016	汽车式起重机 16t	台班	6.432	—	7.397	—

工作内容：装车、绑扎固定、场内运输、卸车、按指定地点放置等。　　**计量单位：**100 株

编　号				1-276	1-277	1-278	1-279
项　目				乔木运输			
				胸径 ≤ 35cm/干径 ≤ 40cm		胸径 ≤ 40cm/干径 ≤ 45cm	
				运距 1km 以内	运距每增加 1km	运距 1km 以内	运距每增加 1km
名　称			单位	消　耗　量			
人工	000206000	综合二类工	工日	79.048	—	93.750	—
机械	990403012	平板拖车组 12t	台班	8.125	0.313	10.156	0.391
	990304016	汽车式起重机 16t	台班	8.125	—	10.156	—

工作内容：装车、绑扎固定、场内运输、卸车、按指定地点放置等。　　**计量单位：**100 株

编　号				1-280	1-281	1-282	1-283
项　目				乔木运输			
				胸径 ≤ 45cm/干径 ≤ 50cm		胸径 ≤ 50cm/干径 ≤ 55cm	
				运距 1km 以内	运距每增加 1km	运距 1km 以内	运距每增加 1km
名　称			单位	消　耗　量			
人工	000206000	综合二类工	工日	107.813	—	118.594	—

续前

编　　号				1-280	1-281	1-282	1-283
项　　目				乔木运输			
				胸径 ≤ 45cm/干径 ≤ 50cm		胸径 ≤ 50cm/干径 ≤ 55cm	
				运距 1km 以内	运距每增加 1km	运距 1km 以内	运距每增加 1km
名　　称			单位	消　耗　量			
机械	990403012	平板拖车组 12t	台班	12.695	0.489	15.234	0.587
	990304016	汽车式起重机 16t	台班	12.695	—	15.234	—

2. 灌 木 运 输

工作内容： 装车、绑扎固定、场内运输、卸车、按指定地点放置等。　　**计量单位：** 100 株

编　　号				1-284	1-285	1-286	1-287
项　　目				灌木运输			
				冠径 ≤ 20cm		冠径 ≤ 40cm	
				运距 1km 以内	运距每增加 1km	运距 1km 以内	运距每增加 1km
名　　称			单位	消　耗　量			
人工	000206000	综合二类工	工日	0.080	—	0.200	—
机械	990401020	载重汽车 5t	台班	0.050	0.015	0.130	0.018

工作内容： 装车、绑扎固定、场内运输、卸车、按指定地点放置等。　　**计量单位：** 100 株

编　　号				1-288	1-289	1-290	1-291
项　　目				灌木运输			
				冠径 ≤ 60cm		冠径 ≤ 80cm	
				运距 1km 以内	运距每增加 1km	运距 1km 以内	运距每增加 1km
名　　称			单位	消　耗　量			
人工	000206000	综合二类工	工日	0.500	—	0.800	—
机械	990401020	载重汽车 5t	台班	0.310	0.020	0.450	0.022

工作内容： 装车、绑扎固定、场内运输、卸车、按指定地点放置等。　　**计量单位：** 100 株

编　　号				1-292	1-293	1-294	1-295
项　　目				灌木运输			
				冠径 ≤ 100cm		冠径 ≤ 150cm	
				运距 1km 以内	运距每增加 1km	运距 1km 以内	运距每增加 1km
名　　称			单位	消　耗　量			
人工	000206000	综合二类工	工日	1.333	—	3.542	—

续前

编号				1-292	1-293	1-294	1-295
项目				灌木运输			
				冠径≤100cm		冠径≤150cm	
				运距1km以内	运距每增加1km	运距1km以内	运距每增加1km
名称			单位	消耗量			
机械	990401020	载重汽车 5t	台班	0.590	0.025	1.170	0.040

工作内容：装车、绑扎固定、场内运输、卸车、按指定地点放置等。 **计量单位：**100株

编号				1-296	1-297	1-298	1-299
项目				灌木运输			
				冠径≤200cm		冠径≤250cm	
				运距1km以内	运距每增加1km	运距1km以内	运距每增加1km
名称			单位	消耗量			
人工	000206000	综合二类工	工日	7.500	—	10.000	—
机械	990401030	载重汽车 8t	台班	1.940	0.070	3.480	0.130
	990304004	汽车式起重机 8t	台班	—	—	3.480	—

工作内容：装车、绑扎固定、场内运输、卸车、按指定地点放置等。 **计量单位：**100株

编号				1-300	1-301	1-302	1-303
项目				灌木运输			
				冠径≤300cm		冠径≤350cm	
				运距1km以内	运距每增加1km	运距1km以内	运距每增加1km
名称			单位	消耗量			
人工	000206000	综合二类工	工日	12.000	—	17.143	—
机械	990401030	载重汽车 8t	台班	4.320	0.170	5.200	0.200
	990304004	汽车式起重机 8t	台班	4.320	—	5.200	—

工作内容：装车、绑扎固定、场内运输、卸车、按指定地点放置等。 **计量单位：**100株

编号				1-304	1-305	1-306	1-307
项目				灌木运输			
				冠径≤400cm		冠径＞400cm	
				运距1km以内	运距每增加1km	运距1km以内	运距每增加1km
名称			单位	消耗量			
人工	000206000	综合二类工	工日	24.000	—	36.000	—

续前

编　　号				1-304	1-305	1-306	1-307
项　　目				灌木运输			
				冠径 ≤ 400cm		冠径 > 400cm	
				运距 1km 以内	运距每增加 1km	运距 1km 以内	运距每增加 1km
名　　称			单位	消　耗　量			
机械	990401030	载重汽车 8t	台班	6.500	0.250	8.680	0.330
	990304004	汽车式起重机 8t	台班	6.500	—	8.680	—

3. 竹 类 运 输

工作内容： 装车、绑扎固定、场内运输、卸车、按指定地点放置等。　　**计量单位：** 100 株

编　　号				1-308	1-309	1-310	1-311
项　　目				散生竹类运输			
				胸径 ≤ 2cm		胸径 ≤ 4cm	
				运距 1km 以内	运距每增加 1km	运距 1km 以内	运距每增加 1km
名　　称			单位	消　耗　量			
人工	000206000	综合二类工	工日	0.150	—	0.300	—
机械	990401020	载重汽车 5t	台班	0.092	0.008	0.125	0.009

工作内容： 装车、绑扎固定、场内运输、卸车、按指定地点放置等。　　**计量单位：** 100 株

编　　号				1-312	1-313	1-314	1-315
项　　目				散生竹类运输			
				胸径 ≤ 6cm		胸径 ≤ 8cm	
				运距 1km 以内	运距每增加 1km	运距 1km 以内	运距每增加 1km
名　　称			单位	消　耗　量			
人工	000206000	综合二类工	工日	0.500	—	1.000	—
机械	990401020	载重汽车 5t	台班	0.169	0.010	0.229	0.011

工作内容： 装车、绑扎固定、场内运输、卸车、按指定地点放置等。　　**计量单位：** 见表

编　　号				1-316	1-317	1-318	1-319
项　　目				散生竹类运输		丛生竹类运输	
				胸径 ≤ 10cm		根盘丛径 ≤ 30cm	
				运距 1km 以内	运距每增加 1km	运距 1km 以内	运距每增加 1km
单　　位				100 株		100 丛	
名　　称			单位	消　耗　量			
人工	000206000	综合二类工	工日	2.000	—	0.300	—

续前

编号				1-316	1-317	1-318	1-319
项目				散生竹类运输		从生竹类运输	
				胸径 ≤ 10cm		根盘丛径 ≤ 30cm	
				运距 1km 以内	运距每增加 1km	运距 1km 以内	运距每增加 1km
单位				100 株		100 丛	
名称			单位	消耗量			
机械	990401020	载重汽车 5t	台班	0.310	0.012	0.250	0.020

工作内容：装车、绑扎固定、场内运输、卸车、按指定地点放置等。　　**计量单位：**100 丛

编号				1-320	1-321	1-322	1-323
项目				丛生竹类运输			
				根盘丛径 ≤ 40cm		根盘丛径 ≤ 50cm	
				运距 1km 以内	运距每增加 1km	运距 1km 以内	运距每增加 1km
名称			单位	消耗量			
人工	000206000	综合二类工	工日	0.500	—	1.000	—
机械	990401020	载重汽车 5t	台班	0.420	0.025	0.830	0.030

工作内容：装车、绑扎固定、场内运输、卸车、按指定地点放置等。　　**计量单位：**100 丛

编号				1-324	1-325	1-326	1-327
项目				丛生竹类运输			
				根盘丛径 ≤ 60cm		根盘丛径 ≤ 70cm	
				运距 1km 以内	运距每增加 1km	运距 1km 以内	运距每增加 1km
名称			单位	消耗量			
人工	000206000	综合二类工	工日	2.000	—	2.500	—
机械	990401020	载重汽车 5t	台班	1.170	0.035	1.351	0.040

工作内容：装车、绑扎固定、场内运输、卸车、按指定地点放置等。　　**计量单位：**100 丛

编号				1-328	1-329
项目				丛生竹类运输	
				根盘丛径 ≤ 80cm	
				运距 1km 以内	运距每增加 1km
名称			单位	消耗量	
人工	000206000	综合二类工	工日	3.000	—

续前

编号				1-328	1-329
项目				从生竹类运输	
				根盘丛径 ≤ 80cm	
				运距 1km 以内	运距每增加 1km
名称			单位	消耗量	
机械	990401020	载重汽车 5t	台班	1.570	0.045

4. 棕榈类运输

工作内容：装车、绑扎固定、场内运输、卸车、按指定地点放置等。　　**计量单位：**100 株

编号				1-330	1-331	1-332	1-333
项目				棕榈类运输			
				地径 ≤ 25cm		地径 ≤ 40cm	
				运距 1km 以内	运距每增加 1km	运距 1km 以内	运距每增加 1km
名称			单位	消耗量			
人工	000206000	综合二类工	工日	2.731	—	5.333	—
机械	990401020	载重汽车 5t	台班	0.790	0.030	1.170	0.040

工作内容：装车、绑扎固定、场内运输、卸车、按指定地点放置等。　　**计量单位：**100 株

编号				1-334	1-335	1-336	1-337
项目				棕榈类运输			
				地径 ≤ 50cm		地径 ≤ 60cm	
				运距 1km 以内	运距每增加 1km	运距 1km 以内	运距每增加 1km
名称			单位	消耗量			
人工	000206000	综合二类工	工日	9.500	—	12.775	—
机械	990401030	载重汽车 8t	台班	1.351	0.050	1.570	0.055
	990304004	汽车式起重机 8t	台班	1.351	—	1.570	—

工作内容：装车、绑扎固定、场内运输、卸车、按指定地点放置等。　　**计量单位：**100 株

编号				1-338	1-339	1-340	1-341
项目				棕榈类运输			
				地径 ≤ 70cm		地径 ≤ 80cm	
				运距 1km 以内	运距每增加 1km	运距 1km 以内	运距每增加 1km
名称			单位	消耗量			
人工	000206000	综合二类工	工日	19.162	—	22.569	—

续前

编号				1-338	1-339	1-340	1-341
项目				棕榈类运输			
				地径≤70cm		地径≤80cm	
				运距1km以内	运距每增加1km	运距1km以内	运距每增加1km
名称			单位	消耗量			
机械	990401040	载重汽车 12t	台班	1.710	0.060	1.940	0.070
	990304012	汽车式起重机 12t	台班	1.710	—	1.940	—

5. 花 卉 运 输

工作内容： 装车、绑扎固定、场内运输、卸车、按指定地点放置等。　　**计量单位：** 100盆

编号				1-342	1-343	1-344	1-345
项目				盆花运输			
				内径≤15cm		内径≤20cm	
				运距1km以内	运距每增加1km	运距1km以内	运距每增加1km
名称			单位	消耗量			
人工	000206000	综合二类工	工日	0.050	—	0.067	—
机械	990401020	载重汽车 5t	台班	0.130	0.020	0.170	0.030

工作内容： 装车、绑扎固定、场内运输、卸车、按指定地点放置等。　　**计量单位：** 100株

编号				1-346	1-347	1-348	1-349
项目				散装花苗运输		球根、块根、宿根类运输	
				运距1km以内	运距每增加1km	运距1km以内	运距每增加1km
名称			单位	消耗量			
人工	000206000	综合二类工	工日	0.040	—	0.050	—
机械	990401020	载重汽车 5t	台班	0.100	0.015	0.130	0.015

6. 水生植物运输

工作内容： 装车、绑扎固定、场内运输、卸车、按指定地点放置等。　　**计量单位：** 100丛

编号				1-350	1-351
项目				水生植物运输	
				运距1km以内	运距每增加1km
名称			单位	消耗量	
人工	000206000	综合二类工	工日	0.150	—
机械	990401020	载重汽车 5t	台班	0.130	0.010

7. 攀缘植物、地被、草坪运输

工作内容：装车、绑扎固定、场内运输、卸车、按指定地点放置等。 **计量单位**：100 株

编号				1-352	1-353	1-354	1-355
项目				攀缘植物运输			
				地径 ≤ 1cm		地径 ≤ 3cm	
				运距 1km 以内	运距每增加 1km	运距 1km 以内	运距每增加 1km
名称			单位	消耗量			
人工	000206000	综合二类工	工日	0.042	—	0.090	—
机械	990401020	载重汽车 5t	台班	0.040	0.015	0.080	0.020

工作内容：装车、绑扎固定、场内运输、卸车、按指定地点放置等。 **计量单位**：100 株

编号				1-356	1-357	1-358	1-359
项目				攀缘植物运输			
				地径 ≤ 5cm		地径 ≤ 6cm	
				运距 1km 以内	运距每增加 1km	运距 1km 以内	运距每增加 1km
名称			单位	消耗量			
人工	000206000	综合二类工	工日	0.225	—	0.293	—
机械	990401020	载重汽车 5t	台班	0.190	0.030	0.240	0.040

工作内容：装车、绑扎固定、场内运输、卸车、按指定地点放置等。 **计量单位**：100 株

编号				1-360	1-361
项目				攀缘植物运输	
				地径 > 6cm	
				运距 1km 以内	运距每增加 1km
名称			单位	消耗量	
人工	000206000	综合二类工	工日	0.439	—
机械	990401020	载重汽车 5t	台班	0.280	0.040

工作内容：装车、绑扎固定、场内运输、卸载、按指定地点放置等。 **计量单位**：$100m^2$

编号				1-362	1-363	1-364	1-365
项目				地被植物运输		草坪运输	
				运距 1km 以内	运距每增加 1km	运距 1km 以内	运距每增加 1km
名称			单位	消耗量			
人工	000206000	综合二类工	工日	0.330	—	0.300	—
机械	990401020	载重汽车 5t	台班	0.280	0.010	0.260	0.010

四、栽植植物

1. 栽植乔木

（1）栽植带土球乔木（人工挖坑）

工作内容：人工挖坑、场内运输、修剪、栽植（落坑、扶正、回土、捣实、筑水围）、浇定根水、覆土、保墒、清理等。

计量单位：10株

编号				1-366	1-367	1-368	1-369
项目				栽植带土球乔木			
				胸径 ≤ 4cm/干径 ≤ 6cm	胸径 ≤ 6cm/干径 ≤ 8cm	胸径 ≤ 8cm/干径 ≤ 10cm	胸径 ≤ 10cm/干径 ≤ 12cm
名称			单位	消耗量			
人工	000206000	综合二类工	工日	1.470	2.000	3.200	4.290
材料	320100002	带土球乔木	株	10.100	10.100	10.100	10.100
	341101001	水	m^3	0.250	0.600	0.950	1.500
机械	990304004	汽车式起重机 8t	台班	—	—	—	0.240

工作内容：人工挖坑、场内运输、修剪、栽植（落坑、扶正、回土、捣实、筑水围）、浇定根水、覆土、保墒、清理等。

计量单位：10株

编号				1-370	1-371	1-372	1-373
项目				栽植带土球乔木			
				胸径 ≤ 12cm/干径 ≤ 14cm	胸径 ≤ 14cm/干径 ≤ 16cm	胸径 ≤ 16cm/干径 ≤ 18cm	胸径 ≤ 18cm/干径 ≤ 20cm
名称			单位	消耗量			
人工	000206000	综合二类工	工日	5.830	7.590	10.120	12.980
材料	320100002	带土球乔木	株	10.100	10.100	10.100	10.100
	341101001	水	m^3	2.000	2.800	3.800	5.400
机械	990304004	汽车式起重机 8t	台班	0.300	0.360	—	—
	990304016	汽车式起重机 16t	台班	—	—	0.420	0.593

工作内容：人工挖坑、场内运输、修剪、栽植（落坑、扶正、回土、捣实、筑水围）、浇定根水、覆土、保墒、清理等。

计量单位：10株

编号				1-374	1-375	1-376	1-377
项目				栽植带土球乔木			
				胸径 ≤ 20cm/干径 ≤ 24cm	胸径 ≤ 24cm/干径 ≤ 28cm	胸径 ≤ 28cm/干径 ≤ 32cm	胸径 ≤ 32cm/干径 ≤ 35cm
名称			单位	消耗量			
人工	000206000	综合二类工	工日	16.390	26.040	35.400	46.600

续前

编号				1-374	1-375	1-376	1-377
项目				栽植带土球乔木			
				胸径 ≤ 20cm/干径 ≤ 24cm	胸径 ≤ 24cm/干径 ≤ 28cm	胸径 ≤ 28cm/干径 ≤ 32cm	胸径 ≤ 32cm/干径 ≤ 35cm
名称			单位	消耗量			
材料	320100002	带土球乔木	株	10.100	10.100	10.100	10.100
	341101001	水	m^3	7.500	10.000	14.000	19.000
机械	990304016	汽车式起重机 16t	台班	0.813	1.123	1.665	1.893

工作内容：人工挖坑、场内运输、修剪、栽植（落坑、扶正、回土、捣实、筑水围）、浇定根水、覆土、保墒、清理等。

计量单位：10 株

编号				1-378	1-379	1-380	1-381
项目				栽植带土球乔木			
				胸径 ≤ 35cm/干径 ≤ 40cm	胸径 ≤ 40cm/干径 ≤ 45cm	胸径 ≤ 45cm/干径 ≤ 50cm	胸径 ≤ 50cm/干径 ≤ 55cm
名称			单位	消耗量			
人工	000206000	综合二类工	工日	54.230	64.790	67.760	71.610
材料	320100002	带土球乔木	株	10.100	10.100	10.100	10.100
	341101001	水	m^3	25.000	32.086	36.899	40.589
机械	990304024	汽车式起重机 25t	台班	2.652	3.042	3.498	3.848

（2）栽植带土球乔木（机械挖坑）

工作内容：机械挖坑、场内运输、修剪、栽植（落坑、扶正、回土、捣实、筑水围）、浇定根水、覆土、保墒、清理等。

计量单位：10 株

编号				1-382	1-383	1-384	1-385
项目				栽植带土球乔木			
				胸径 ≤ 12cm/干径 ≤ 14cm	胸径 ≤ 14cm/干径 ≤ 16cm	胸径 ≤ 16cm/干径 ≤ 18cm	胸径 ≤ 18cm/干径 ≤ 20cm
名称			单位	消耗量			
人工	000206000	综合二类工	工日	4.268	6.133	8.271	11.193
材料	320100002	带土球乔木	株	10.100	10.100	10.100	10.100
	341101001	水	m^3	2.000	2.800	3.800	5.400
机械	990106100	履带式反铲单斗液压挖掘机 $0.6m^3$	台班	0.068	0.095	0.128	0.168
	990101025	履带式推土机 105kW	台班	0.038	0.053	0.071	0.093
	990304004	汽车式起重机 8t	台班	0.300	0.360	—	—
	990304016	汽车式起重机 16t	台班	—	—	0.420	0.593

工作内容：机械挖坑、场内运输、修剪、栽植（落坑、扶正、回土、捣实、筑水围）、浇定根水、覆土、保墒、清理等。

计量单位：10 株

编号				1-386	1-387	1-388	1-389
项目				栽植带土球乔木			
				胸径 ≤ 20cm/ 干径 ≤ 24cm	胸径 ≤ 24cm/ 干径 ≤ 28cm	胸径 ≤ 28cm/ 干径 ≤ 32cm	胸径 ≤ 32cm/ 干径 ≤ 35cm
名称			单位	消耗量			
人工	000206000	综合二类工	工日	14.790	19.737	25.633	33.274
材料	320100002	带土球乔木	株	10.100	10.100	10.100	10.100
	341101001	水	m^3	7.500	10.000	14.000	19.000
机械	990106100	履带式反铲单斗液压挖掘机 0.6m^3	台班	0.216	0.340	0.390	0.420
	990101025	履带式推土机 105kW	台班	0.120	0.190	0.220	0.230
	990304016	汽车式起重机 16t	台班	0.813	1.123	1.665	1.893

工作内容：机械挖坑、场内运输、修剪、栽植（落坑、扶正、回土、捣实、筑水围）、浇定根水、覆土、保墒、清理等。

计量单位：10 株

编号				1-390	1-391	1-392	1-393
项目				栽植带土球乔木			
				胸径 ≤ 35cm/ 干径 ≤ 40cm	胸径 ≤ 40cm/ 干径 ≤ 45cm	胸径 ≤ 45cm/ 干径 ≤ 50cm	胸径 ≤ 50cm/ 干径 ≤ 55cm
名称			单位	消耗量			
人工	000206000	综合二类工	工日	43.185	56.132	64.507	70.928
材料	320100002	带土球乔木	株	10.100	10.100	10.100	10.100
	341101001	水	m^3	25.000	32.086	36.899	40.589
机械	990106100	履带式反铲单斗液压挖掘机 0.6m^3	台班	0.420	0.530	0.530	0.530
	990101025	履带式推土机 105kW	台班	0.230	0.300	0.300	0.300
	990304024	汽车式起重机 25t	台班	2.652	3.042	3.498	3.848

（3）栽植裸根乔木

工作内容：挖坑、场内运输、修剪、栽植（落坑、扶正、回土、捣实、筑水围）、浇定根水、覆土、保墒、清理等。

计量单位：10 株

编号				1-394	1-395	1-396	1-397
项目				栽植裸根乔木			
				胸径 ≤ 4cm/ 干径 ≤ 6cm	胸径 ≤ 6cm/ 干径 ≤ 8cm	胸径 ≤ 8cm/ 干径 ≤ 10cm	胸径 ≤ 10cm/ 干径 ≤ 12cm
名称			单位	消耗量			
人工	000206000	综合二类工	工日	0.500	0.900	1.600	2.430
材料	320100003	裸根乔木	株	10.150	10.150	10.150	10.150
	341101001	水	m^3	0.250	0.500	0.750	1.000

续前

编号				1-394	1-395	1-396	1-397
项目				栽植裸根乔木			
				胸径 ≤ 4cm/干径 ≤ 6cm	胸径 ≤ 6cm/干径 ≤ 8cm	胸径 ≤ 8cm/干径 ≤ 10cm	胸径 ≤ 10cm/干径 ≤ 12cm
名称			单位	消耗量			
机械	990304004	汽车式起重机 8t	台班	—	—	—	0.108

工作内容：挖坑、场内运输、修剪、栽植（落坑、扶正、回土、捣实、筑水围）、浇定根水、覆土、保墒、清理等。

计量单位：10 株

编号				1-398	1-399	1-400	1-401
项目				栽植裸根乔木			
				胸径 ≤ 12cm/干径 ≤ 14cm	胸径 ≤ 14cm/干径 ≤ 16cm	胸径 ≤ 16cm/干径 ≤ 18cm	胸径 ≤ 18cm/干径 ≤ 20cm
名称			单位	消耗量			
人工	000206000	综合二类工	工日	4.230	6.080	8.200	11.100
材料	320100003	裸根乔木	株	10.150	10.150	10.150	10.150
	341101001	水	m^3	1.350	1.800	2.400	3.200
机械	990304004	汽车式起重机 8t	台班	0.144	0.183	0.210	0.310

工作内容：挖坑、场内运输、修剪、栽植（落坑、扶正、回土、捣实、筑水围）、浇定根水、覆土、保墒、清理等。

计量单位：10 株

编号				1-402	1-403	1-404	1-405
项目				栽植裸根乔木			
				胸径 ≤ 20cm/干径 ≤ 24cm	胸径 ≤ 24cm/干径 ≤ 28cm	胸径 ≤ 28cm/干径 ≤ 32cm	胸径 ≤ 32cm/干径 ≤ 35cm
名称			单位	消耗量			
人工	000206000	综合二类工	工日	14.670	19.550	25.415	33.040
材料	320100003	裸根乔木	株	10.150	10.150	10.150	10.150
	341101001	水	m^3	4.250	6.375	9.500	14.000
机械	990304016	汽车式起重机 16t	台班	0.460	0.640	0.720	0.810

工作内容：挖坑、场内运输、修剪、栽植（落坑、扶正、回土、捣实、筑水围）、浇定根水、覆土、保墒、清理等。

计量单位：10 株

编号				1-406	1-407	1-408	1-409
项目				栽植裸根乔木			
				胸径 ≤ 35cm/干径 ≤ 40cm	胸径 ≤ 40cm/干径 ≤ 45cm	胸径 ≤ 45cm/干径 ≤ 50cm	胸径 ≤ 50cm/干径 ≤ 55cm
名称			单位	消耗量			
人工	000206000	综合二类工	工日	42.951	55.837	64.212	70.633
材料	320100003	裸根乔木	株	10.150	10.150	10.150	10.150
	341101001	水	m^3	18.900	25.000	28.750	31.625

续前

编号				1-406	1-407	1-408	1-409
项目				栽植裸根乔木			
				胸径 ≤ 35cm/干径 ≤ 40cm	胸径 ≤ 40cm/干径 ≤ 45cm	胸径 ≤ 45cm/干径 ≤ 50cm	胸径 ≤ 50cm/干径 ≤ 55cm
名称			单位	消耗量			
机械	990304016	汽车式起重机 16t	台班	0.910	1.200	1.380	1.518

2. 栽植灌木

（1）栽植单株带土球灌木

工作内容： 挖坑、场内运输、栽植（落坑、扶正、回土、捣实、筑水围）、浇定根水、覆土、保墒、修剪、清理等。

计量单位： 10 株

编号				1-410	1-411	1-412	1-413
项目				栽植单株带土球灌木			
				冠径（cm）			
				≤ 20	≤ 40	≤ 60	≤ 80
名称			单位	消耗量			
人工	000206000	综合二类工	工日	0.030	0.085	0.240	0.480
材料	320300003	带土球灌木	株	10.100	10.100	10.100	10.100
	341101001	水	m^3	0.100	0.150	0.250	0.360

工作内容： 挖坑、场内运输、栽植（落坑、扶正、回土、捣实、筑水围）、浇定根水、覆土、保墒、修剪、清理等。

计量单位： 10 株

编号				1-414	1-415	1-416	1-417
项目				栽植单株带土球灌木			
				冠径（cm）			
				≤ 100	≤ 150	≤ 200	≤ 250
名称			单位	消耗量			
人工	000206000	综合二类工	工日	0.840	1.800	2.890	4.440
材料	320300003	带土球灌木	株	10.100	10.100	10.100	10.100
	341101001	水	m^3	0.500	0.750	1.000	1.375
机械	990304004	汽车式起重机 8t	台班	—	—	—	0.080

工作内容： 挖坑、场内运输、栽植（落坑、扶正、回土、捣实、筑水围）、浇定根水、覆土、保墒、修剪、清理等。

计量单位： 10 株

编号				1-418	1-419	1-420	1-421
项目				栽植单株带土球灌木			
				冠径（cm）			
				≤ 300	≤ 350	≤ 400	> 400
名称			单位	消耗量			
人工	000206000	综合二类工	工日	6.480	9.000	11.880	16.575

续前

编号				1-418	1-419	1-420	1-421
项目				栽植单株带土球灌木			
				冠径（cm）			
				≤300	≤350	≤400	>400
名称			单位	消耗量			
材料	320300003	带土球灌木	株	10.100	10.100	10.100	10.100
	341101001	水	m^3	1.800	2.400	4.000	5.000
机械	990304004	汽车式起重机 8t	台班	0.130	0.200	0.280	0.377

（2）栽植单株裸根灌木

工作内容：挖坑、场内运输、栽植（落坑、扶正、回土、捣实、筑水围）、浇定根水、覆土、保墒、修剪、清理等。

计量单位：10 株

编号				1-422	1-423	1-424	1-425
项目				栽植单株裸根灌木			
				冠径（cm）			
				≤20	≤40	≤60	≤80
名称			单位	消耗量			
人工	000206000	综合二类工	工日	0.015	0.043	0.120	0.240
材料	320300004	裸根灌木	株	10.150	10.150	10.150	10.150
	341101001	水	m^3	0.150	0.250	0.320	0.400

工作内容：挖坑、场内运输、栽植（落坑、扶正、回土、捣实、筑水围）、浇定根水、覆土、保墒、修剪、清理等。

计量单位：10 株

编号				1-426	1-427	1-428	1-429
项目				栽植单株裸根灌木			
				冠径（cm）			
				≤100	≤150	≤200	≤250
名称			单位	消耗量			
人工	000206000	综合二类工	工日	0.420	0.900	1.445	2.220
材料	320300004	裸根灌木	株	10.150	10.150	10.150	10.150
	341101001	水	m^3	0.500	0.650	0.750	0.800
机械	990304004	汽车式起重机 8t	台班	—	—	—	0.024

工作内容：挖坑、场内运输、栽植（落坑、扶正、回土、捣实、筑水围）、浇定根水、覆土、保墒、修剪、清理等。

计量单位：10 株

编号				1-430	1-431	1-432	1-433
项目				栽植单株裸根灌木			
				冠径（cm）			
				≤300	≤350	≤400	>400
名称			单位	消耗量			
人工	000206000	综合二类工	工日	3.240	4.500	5.940	8.288

续前

编号				1-430	1-431	1-432	1-433
项目				栽植单株裸根灌木			
				冠径（cm）			
				≤300	≤350	≤400	>400
名称			单位	消耗量			
材料	320300004	裸根灌木	株	10.150	10.150	10.150	10.150
	341101001	水	m^3	0.850	0.900	0.950	1.000
机械	990304004	汽车式起重机 8t	台班	0.039	0.060	0.084	0.113

（3）栽植成片灌木

工作内容： 挖坑、场内运输、排苗、回土、筑水围、浇定根水、覆土、整形、修剪、清理等。

计量单位： $100m^2$

编号				1-434	1-435	1-436	1-437
项目				栽植成片灌木			
				密度（株/m^2）			
				≤16	≤25	≤36	≤49
名称			单位	消耗量			
人工	000206000	综合二类工	工日	17.974	14.794	13.171	11.866
材料	320300002	小灌木	株	1632.000	2550.000	3672.000	4998.000
	341101001	水	m^3	5.000	5.000	5.000	5.000

工作内容： 挖坑、场内运输、排苗、回土、筑水围、浇定根水、覆土、整形、修剪、清理等。

计量单位： $100m^2$

编号				1-438	1-439
项目				栽植成片灌木	
				密度（株/m^2）	
				≤64	≤81
名称			单位	消耗量	
人工	000206000	综合二类工	工日	12.103	12.345
材料	320300002	小灌木	株	6528.000	8262.000
	341101001	水	m^3	5.000	5.000

（4）栽植单排绿篱

工作内容： 挖坑、场内运输、排苗、回土、筑水围、浇定根水、覆土、修剪、清理等。 **计量单位：** 10m

编号				1-440	1-441	1-442	1-443
项目				栽植单排绿篱			
				高度（cm）			
				≤40	≤60	≤80	≤100
名称			单位	消耗量			
人工	000206000	综合二类工	工日	0.420	0.510	0.670	0.920

续前

编号				1-440	1-441	1-442	1-443
项目				栽植单排绿篱			
				高度（cm）			
				≤40	≤60	≤80	≤100
名称			单位	消耗量			
材料	320501002	绿篱	株	81.600	61.200	40.800	30.600
	341101001	水	m^3	0.150	0.200	0.250	0.300

工作内容：挖坑、场内运输、排苗、回土、浇定根水、覆土、修剪、清理等。　**计量单位：**10m

编号				1-444	1-445	1-446	1-447
项目				栽植单排绿篱			
				高度（cm）			
				≤120	≤150	≤200	>200
名称			单位	消耗量			
人工	000206000	综合二类工	工日	1.100	1.410	1.636	1.897
材料	320501002	绿篱	株	20.400	15.750	10.200	8.160
	341101001	水	m^3	0.400	0.500	0.600	0.650

（5）栽植双排绿篱

工作内容：挖坑、场内运输、排苗、回土、浇定根水、覆土、修剪、清理等。　**计量单位：**10m

编号				1-448	1-449	1-450	1-451
项目				栽植双排绿篱			
				高度（cm）			
				≤40	≤60	≤80	≤100
名称			单位	消耗量			
人工	000206000	综合二类工	工日	0.510	0.600	0.855	1.290
材料	320501002	绿篱	株	146.880	110.160	73.440	55.080
	341101001	水	m^3	0.200	0.250	0.300	0.400

工作内容：挖坑、场内运输、排苗、回土、浇定根水、覆土、修剪、清理等。　**计量单位：**10m

编号				1-452	1-453	1-454	1-455
项目				栽植双排绿篱			
				高度（cm）			
				≤120	≤150	≤200	>200
名称			单位	消耗量			
人工	000206000	综合二类工	工日	1.871	2.712	3.255	3.906
材料	320501002	绿篱	株	36.720	27.540	18.360	14.688

续前

编号				1-452	1-453	1-454	1-455
项目				栽植双排绿篱			
				高度（cm）			
				≤120	≤150	≤200	>200
名称			单位	消耗量			
材料	341101001	水	m^3	0.550	0.715	0.858	1.030

3. 栽植竹类

（1）栽植散生竹

工作内容：挖坑、场内运输、栽植（扶正、捣实、回土、筑水围）、浇定根水、覆土、保墒、修剪、清理等。

计量单位：10株

编号				1-456	1-457	1-458
项目				栽植散生竹		
				胸径（cm）		
				≤2	≤4	≤6
名称			单位	消耗量		
人工	000206000	综合二类工	工日	0.288	0.450	0.720
材料	321113001	散生竹苗	株	10.400	10.400	10.400
	341101001	水	m^3	0.300	0.380	0.500

工作内容：挖坑、场内运输、栽植（扶正、捣实、回土）、浇定根水、覆土、保墒、修剪、清理等。

计量单位：10株

编号				1-459	1-460
项目				栽植散生竹	
				胸径（cm）	
				≤8	≤10
名称			单位	消耗量	
人工	000206000	综合二类工	工日	1.190	2.025
材料	321113001	散生竹苗	株	10.400	10.400
	341101001	水	m^3	0.750	1.200

（2）栽植丛生竹

工作内容：挖坑、场内运输、栽植（扶正、捣实、回土、筑水围）、浇定根水、覆土、保墒、修剪、清理等。

计量单位：10丛

编号				1-461	1-462	1-463	1-464
项目				栽植丛生竹			
				根盘丛径（cm）			
				≤30	≤40	≤50	≤60
名称			单位	消耗量			
人工	000206000	综合二类工	工日	0.700	1.200	2.030	3.060

续前

编　　号				1-461	1-462	1-463	1-464
项　　目				栽植丛生竹			
				根盘丛径（cm）			
				≤30	≤40	≤50	≤60
名　　称			单位	消　耗　量			
材料	321117001	丛生竹苗	丛	10.400	10.400	10.400	10.400
	341101001	水	m^3	0.250	0.380	0.550	0.750

工作内容： 挖坑、场内运输、栽植（扶正、捣实、回土、筑水围）、浇定根水、覆土、保墒、修剪、清理等。

计量单位： 10 丛

编　　号				1-465	1-466
项　　目				栽植丛生竹	
				根盘丛径（cm）	
				≤70	≤80
名　　称			单位	消　耗　量	
人工	000206000	综合二类工	工日	3.705	4.500
材料	321117001	丛生竹苗	丛	10.400	10.400
	341101001	水	m^3	0.950	1.100

4. 栽植棕榈类

工作内容： 挖坑、场内运输、栽植（扶正、捣实、回土、筑水围）、浇定根水、覆土、保墒、修剪、清理等。

计量单位： 10 株

编　　号				1-467	1-468	1-469	1-470
项　　目				栽植棕榈类			
				地径（cm）			
				≤15	≤20	≤25	≤30
名　　称			单位	消　耗　量			
人工	000206000	综合二类工	工日	1.960	3.540	6.048	9.295
材料	320900001	棕榈类苗木	株	10.500	10.500	10.500	10.500
	341101001	水	m^3	1.200	1.680	2.285	3.062
机械	990304004	汽车式起重机 8t	台班	—	—	—	0.450

工作内容： 挖坑、场内运输、栽植（扶正、捣实、回土、筑水围）、浇定根水、覆土、保墒、修剪、清理等。

计量单位： 10 株

编　　号				1-471	1-472	1-473	1-474
项　　目				栽植棕榈类			
				地径（cm）			
				≤35	≤40	≤45	≤50
名　　称			单位	消　耗　量			
人工	000206000	综合二类工	工日	13.720	19.650	26.800	34.893

续前

编号				1-471	1-472	1-473	1-474
项目				栽植棕榈类			
				地径（cm）			
				≤35	≤40	≤45	≤50
	名称		单位	消耗量			
材料	320900001	棕榈类苗木	株	10.500	10.500	10.500	10.500
	341101001	水	m^3	3.980	4.975	5.970	6.866
机械	990304004	汽车式起重机 8t	台班	0.675	0.901	0.939	1.173

工作内容：挖坑、场内运输、栽植（扶正、捣实、回土、筑水围）、浇定根水、覆土、保墒、修剪、清理等。 **计量单位：**10株

编号				1-475	1-476	1-477	1-478
项目				栽植棕榈类			
				地径（cm）			
				≤55	≤60	≤70	≤80
	名称		单位	消耗量			
人工	000206000	综合二类工	工日	43.557	51.709	58.915	63.644
材料	320900001	棕榈类苗木	株	10.500	10.500	10.500	10.500
	341101001	水	m^3	7.552	7.930	8.168	8.250
机械	990304012	汽车式起重机 12t	台班	1.407	1.800	2.250	2.700

5. 栽植攀缘植物

工作内容：挖坑、场内运输、栽植、回土捣实、浇定根水、覆土、修剪、整理等。 **计量单位：**10株

编号				1-479	1-480	1-481	1-482	1-483
项目				栽植攀缘植物				
				地径（cm）				
				≤1	≤2	≤3	≤4	≤5
	名称		单位	消耗量				
人工	000206000	综合二类工	工日	0.036	0.068	0.103	0.154	0.231
材料	320500001	攀缘植物	株	10.200	10.200	10.200	10.200	10.200
	341101001	水	m^3	0.058	0.117	0.153	0.195	0.233

6. 栽植露地花卉

工作内容：翻土整地、清除杂物、放样、场内运输、栽植、浇定根水、修剪、清理等。 **计量单位：**$100m^2$

编号				1-484	1-485	1-486	1-487
项目				一、二年生草本花卉			
				密度（株/m^2）			
				≤16	≤25	≤36	≤49
	名称		单位	消耗量			
人工	000206000	综合二类工	工日	8.731	9.701	10.545	11.100

续前

编　　号				1-484	1-485	1-486	1-487
项　　目				一、二年生草本花卉			
				密度（株/m²）			
				≤16	≤25	≤36	≤49
名　　称			单位	消　耗　量			
材料	321301001	花苗	株	1728.000	2700.000	3888.000	5292.000
	341101001	水	m^3	5.000	5.000	5.000	5.000

工作内容：翻土整地、清除杂物、放样、场内运输、栽植、浇定根水、修剪、清理等。　**计量单位：**100m²

编　　号				1-488	1-489	1-490
项　　目				一、二年生草本花卉		
				密度（株/m²）		
				≤64	≤81	≤100
名　　称			单位	消　耗　量		
人工	000206000	综合二类工	工日	12.432	13.302	13.967
材料	321301001	花苗	株	6912.000	8748.000	10800.000
	341101001	水	m^3	5.000	5.000	5.000

工作内容：翻土整地、清除杂物、放样、场内运输、栽植、浇定根水、修剪、清理等。　**计量单位：**100m²

编　　号				1-491	1-492	1-493	1-494
项　　目				球根、块根、宿根花卉			
				密度（株/m²）			
				≤16	≤25	≤36	≤49
名　　称			单位	消　耗　量			
人工	000206000	综合二类工	工日	7.858	8.731	9.491	10.528
材料	321301001	花苗	株	1664.000	2600.000	3744.000	5096.000
	341101001	水	m^3	5.000	5.000	5.000	5.000

工作内容：翻土整地、清除杂物、放样、场内运输、栽植、浇定根水、清理等。　**计量单位：**100m²

编　　号				1-495	1-496	1-497
项　　目				球根、块根、宿根花卉		
				密度（株/m²）		
				≤64	≤81	≤100
名　　称			单位	消　耗　量		
人工	000206000	综合二类工	工日	11.189	11.972	12.571
材料	321301001	花苗	株	6656.000	8424.000	10400.000
	341101001	水	m^3	5.000	5.000	5.000

7. 栽植地被植物

工作内容： 翻土整地、清除杂物、放样、场内运输、栽植、浇定根水、修剪、清理等。　**计量单位：** 100m²

编号				1-498	1-499	1-500	1-501
项目				栽植地被植物			
				密度（株/m²）			
				≤16	≤25	≤36	≤49
		名称	单位	消耗量			
人工	000206000	综合二类工	工日	6.414	7.159	8.949	9.990
材料	320700001	地被植物	株	1632.000	2550.000	3672.000	4998.000
	341101001	水	m³	5.000	5.000	5.000	5.000

工作内容： 翻土整地、清除杂物、放样、场内运输、栽植、浇定根水、修剪、清理等。　**计量单位：** 100m²

编号				1-502	1-503	1-504
项目				栽植地被植物		
				密度（株/m²）		
				≤64	≤81	≤100
		名称	单位	消耗量		
人工	000206000	综合二类工	工日	11.050	11.603	12.183
材料	320700001	地被植物	株	6528.000	8262.000	10200.000
	341101001	水	m³	5.000	5.000	5.000

8. 栽植水生植物

（1）栽植湿生植物

工作内容： 场内运输、挖坑、栽植、回土、修剪、清理等。　**计量单位：** 10 丛

编号				1-505	1-506	1-507	1-508	1-509	1-510
项目				湿生植物					
				根盘直径≤15cm			根盘直径＞15cm		
				芽数（芽/丛）					
				≤5	≤10	＞10	≤5	≤10	＞10
		名称	单位	消耗量					
人工	000206000	综合二类工	工日	0.030	0.038	0.046	0.051	0.064	0.076
材料	323501004	湿生植物	丛	10.500	10.500	10.500	10.500	10.500	10.500

（2）栽植挺水植物

工作内容： 场内运输、栽植、修剪、清理等。　**计量单位：** 10 丛

编号				1-511	1-512	1-513	1-514
项目				挺水植物			
				根盘直径≤15cm			根盘直径＞15cm
				芽数（芽/丛）			
				≤5	≤10	＞10	≤5
		名称	单位	消耗量			
人工	000206000	综合二类工	工日	0.076	0.095	0.114	0.095

续前

编号				1-511	1-512	1-513	1-514
项目				挺水植物			
				根盘直径 ≤ 15cm		根盘直径 > 15cm	
				芽数（芽/丛）			
				≤ 5	≤ 10	> 10	≤ 5
名称			单位	消耗量			
材料	323501005	挺水植物	丛	10.500	10.500	10.500	10.500

工作内容：场内运输、栽植、修剪、清理等。　　**计量单位：**见表

编号				1-515	1-516	1-517
项目				挺水植物		
				根盘直径 > 15cm 芽数		荷花
				（芽/丛）		两节以上带芽
				≤ 10	> 10	
单位				10 丛		10 株
名称			单位	消耗量		
人工	000206000	综合二类工	工日	0.119	0.143	0.119
材料	323501005	挺水植物	丛	10.500	10.500	10.500

（3）栽植沉水植物

工作内容：场内运输、栽植、修剪、清理等。　　**计量单位：**10 丛

编号				1-518	1-519
项目				沉水植物	
				密度（丛/m^2）	
				≤ 3	> 3
名称			单位	消耗量	
人工	000206000	综合二类工	工日	0.114	0.095
材料	323501001	沉水植物	丛	10.500	10.500

（4）栽植浮叶植物

工作内容：场内运输、栽植、修剪、清理等。　　**计量单位：**10 丛

编号				1-520	1-521
项目				浮叶植物	
				密度（丛/m^2）	
				≤ 3	> 3
名称			单位	消耗量	
人工	000206000	综合二类工	工日	0.095	0.079
材料	323501002	浮叶植物	丛	10.500	10.500

（5）栽植漂浮植物

工作内容： 场内运输、栽植、修剪、清理等。 **计量单位：** 100m²

编号				1-522	1-523	1-524
项目				漂浮植物		
				种植覆盖率（%）		
				≤50	≤70	>70
名称			单位	消耗量		
人工	000206000	综合二类工	工日	0.400	0.500	0.600
材料	323501003	漂浮植物	m^2	52.500	73.500	105.000

9. 垂直墙体绿化

工作内容： 场内运输、定位、下料、打眼、剔洞、安螺栓、安装龙骨等。 **计量单位：** 100m²

编号				1-525	1-526	1-527
项目				龙骨基层		
				轻钢龙骨	铝合金龙骨	木龙骨
名称			单位	消耗量		
人工	000206000	综合二类工	工日	9.900	11.300	11.700
材料	100101005	轻钢竖向龙骨 30×30	m	71.300	—	—
	100101006	轻钢竖向龙骨 50×75	m	280.300	—	—
	100103031	轻钢沿边龙骨 QU75	m	71.300	—	—
	030107044	膨胀螺栓钢制 M12	套	255.000	529.400	—
	101305001	轻钢龙骨角托	个	306.000	—	—
	101303001	轻钢龙骨卡托	个	306.000	—	—
	100300001	铝合金龙骨 60×30	m	—	402.800	—
	050401003	板枋材	m^3	—	—	2.070
	031501008	圆钉（综合）	kg	—	—	24.000
	130507001	防腐油	kg	—	—	3.000
	850103006	其他材料费（占材料费）	%	3.000	3.000	3.000
机械	990785030	砂轮切割机 ϕ400	台班	0.300	3.500	—
	990706010	木工圆锯机 500mm	台班	—	—	0.200

工作内容： 1. 硅酸板、防腐蚀板：场内运输、定位、下料、打眼、剔洞、安螺栓、安装龙骨等。
2. 模块式垂直绿化：场内运输、种植模块内铺设无纺布、填充种植介质土、安装种植模块、种植苗木等。 **计量单位：** 100m²

编号				1-528	1-529	1-530
项目				垂直绿化板		模块式垂直绿化墙
				硅酸板	防腐蚀板	
名称			单位	消耗量		
人工	000206000	综合二类工	工日	10.700	10.100	110.300

续前

编号				1-528	1-529	1-530
项目				垂直绿化板		模块式垂直绿化墙
				硅酸板	防腐蚀板	
名称			单位	消耗量		
材料	091900002	硅酸钙板 δ8	m^2	103.000	—	—
	021107004	PVC 防腐蚀板	m^2	—	103.000	—
	323505002	种植模块（成品）330×190×140	只	—	—	2400.000
	320000001	苗木	株	—	—	4800.000
	030103045	镀锌自攻螺钉 ST3×10	个	2000.000	2000.000	—
	022703004	无纺布	m^2	—	—	336.500
	322900001	种植土	m^3	—	—	10.800
	850103006	其他材料费（占材料费）	%	3.000	3.000	3.000

工作内容：场内运输、制作、安装等。　　**计量单位：**$100m^2$

编号				1-531	1-532
项目				粘贴式垂直绿化墙	
				软式	硬式
名称			单位	消耗量	
人工	000206000	综合二类工	工日	5.000	7.300
材料	021911003	平织尼龙网	m^2	102.000	—
	011303002	镀锌扁钢 16×0.5	m	112.200	—
	031517002	镀塑钢丝围栏	m^2	—	102.500
	850103006	其他材料费（占材料费）	%	3.000	3.000
机械	990401020	载重汽车 5t	台班	—	0.300

工作内容：1. 场内运输、铺设无纺布、回填种植土、种植苗木、种植槽钢托架的制作、安装等。
2. 放样、植物袋包裹、苗木栽植、整理等。
3. 调配基质、洒水拌和、基质填充、捣实、清理等。
4. 定位、安装拉索组件及钢索等。　　**计量单位：**见表

编号				1-533	1-534	1-535	1-536
项目				沿口种植槽绿化	立体造型绿化	立体花卉基质填充	爬藤钢索
				$100m^2$		$10m^3$	10 根
名称			单位	消耗量			
人工	000206000	综合二类工	工日	64.100	163.870	33.980	6.300
材料	320000001	苗木	株	300.000	—	—	—
	323505001	种植槽（成品）650×289×250	只	154.000	—	—	—

续前

编号				1-533	1-534	1-535	1-536
项目				沿口种植槽绿化	立体造型绿化	立体花卉基质填充	爬藤钢索
				100m²		10m³	10 根
名称			单位	消耗量			
材料	321300002	花卉	盆	—	10000.000	—	—
	322903001	种植基质	m³	—	—	11.000	—
	031513001	不锈钢索 φ6	m	—	—	—	210.000
	030355003	不锈钢拉索组件	套	—	—	—	101.000
	031509014	镀锌连接铁件	kg	—	—	—	208.800
	322900001	种植土	m³	7.000	—	—	—
	022703004	无纺布	m²	106.100	426.000	—	—
	182721001	铁件支架	kg	2089.500	—	—	—
	341101001	水	m³	—	5.000	0.500	—
	850103006	其他材料费（占材料费）	%	3.000	3.000	—	—
机械	990401020	载重汽车 5t	台班	3.900	—	—	—

10. 盆花布置

工作内容：场内运输、摆设、浇水一次等。 **计量单位：**100 盆

编号				1-537	1-538	1-539	1-540
项目				盆花布置			
				平面			
				盆径（cm）			
				≤15	≤20	≤30	≤40
名称			单位	消耗量			
人工	000206000	综合二类工	工日	0.214	0.303	0.364	0.419
材料	321701001	盆花花苗	盆	102.000	102.000	102.000	102.000
	341101001	水	m³	0.100	0.100	0.100	0.100

工作内容：场内运输、摆设、浇水一次等。 **计量单位：**100 盆

编号				1-541	1-542	1-543	1-544
项目				盆花布置			
				平面		立面	
				盆径（cm）			
				≤50	≤60	≤15	≤20
名称			单位	消耗量			
人工	000206000	综合二类工	工日	0.482	0.554	0.278	0.395
材料	321701001	盆花花苗	盆	102.000	102.000	102.000	102.000
	341101001	水	m³	0.100	0.100	0.120	0.120

工作内容：场内运输、摆设、浇水一次等。　　**计量单位：**100盆

编　号				1-545	1-546	1-547	1-548
项　目				盆花布置			
				立面			
				盆径（cm）			
				≤30	≤40	≤50	≤60
名　称			单位	消　耗　量			
人工	000206000	综合二类工	工日	0.473	0.544	0.626	0.720
材料	321701001	盆花花苗	盆	102.000	102.000	102.000	102.000
	341101001	水	m^3	0.120	0.120	0.120	0.120

11. 草皮（坪）铺种、播种

工作内容：翻整土地、耙细履平、清除杂物、场内运输、铺植、浇定根水、清理等。　　**计量单位：**$100m^2$

编　号				1-549	1-550	1-551	1-552	1-553
项　目				植草砖孔内		草坪		
				植草	播种	散铺	满铺	播种
名　称			单位	消　耗　量				
人工	000206000	综合二类工	工日	3.470	1.275	2.500	3.425	1.795
材料	320701001	草皮	m^2	28.350	—	78.750	105.000	—
	341101001	水	m^3	0.880	0.800	1.000	1.100	1.000
	320703001	草种	kg	—	0.720	—	—	2.400
	022703004	无纺布	m^2	—	110.000	—	—	110.000

五、栽植工程植物养护

1. 乔 木 养 护

（1）常绿乔木养护

工作内容：中耕施肥、整地除草、修剪剥芽、病虫害防治、树桩绑扎、加土扶正、清除枯枝、灌溉排水、环境清理等。　　**计量单位：**10株/月

编　号				1-554	1-555	1-556	1-557
项　目				常绿乔木养护			
				胸径≤6cm/干径≤8cm	胸径≤10cm/干径≤12cm	胸径≤16cm/干径≤18cm	胸径≤20cm/干径≤24cm
名　称			单位	消　耗　量			
人工	000206000	综合二类工	工日	0.243	0.258	0.286	0.331
材料	322700001	肥料	kg	0.500	0.540	0.583	0.630
	143169001	药剂	kg	0.030	0.036	0.044	0.052
	341101001	水	m^3	0.387	0.555	0.798	1.149
机械	990423010	杀虫车 1.5t	台班	0.003	0.004	0.005	0.006

工作内容： 中耕施肥、整地除草、修剪剥芽、病虫害防治、树桩绑扎、加土扶正、清除枯枝、灌溉排水、环境清理等。
计量单位： 10 株/月

编号				1-558	1-559	1-560	1-561
项目				常绿乔木养护			
				胸径 ≤ 24cm/干径 ≤ 28cm	胸径 ≤ 32cm/干径 ≤ 35cm	胸径 ≤ 35cm/干径 ≤ 40cm	胸径 ≤ 40cm/干径 ≤ 45cm
名称			单位	消耗量			
人工	000206000	综合二类工	工日	0.413	0.563	0.794	0.984
材料	322700001	肥料	kg	0.680	0.735	0.793	0.857
材料	143169001	药剂	kg	0.063	0.075	0.090	0.108
材料	341101001	水	m^3	1.655	2.387	3.446	4.979
机械	990423010	杀虫车 1.5t	台班	0.007	0.008	0.005	0.006

工作内容： 中耕施肥、整地除草、修剪剥芽、病虫害防治、树桩绑扎、加土扶正、清除枯枝、灌溉排水、环境清理等。
计量单位： 10 株/月

编号				1-562	1-563
项目				常绿乔木养护	
				胸径 ≤ 45cm/干径 ≤ 50cm	胸径 ≤ 50cm/干径 ≤ 55cm
名称			单位	消耗量	
人工	000206000	综合二类工	工日	1.164	1.280
材料	322700001	肥料	kg	0.926	1.018
材料	143169001	药剂	kg	0.130	0.143
材料	341101001	水	m^3	7.197	7.917
机械	990423010	杀虫车 1.5t	台班	0.007	0.008

（2）落叶乔木养护

工作内容： 中耕施肥、整地除草、修剪剥芽、病虫害防治、树桩绑扎、加土扶正、清除枯枝、灌溉排水、环境清理等。
计量单位： 10 株/月

编号				1-564	1-565	1-566	1-567
项目				落叶乔木养护			
				胸径 ≤ 6cm/干径 ≤ 8cm	胸径 ≤ 10cm/干径 ≤ 12cm	胸径 ≤ 16cm/干径 ≤ 18cm	胸径 ≤ 20cm/干径 ≤ 24cm
名称			单位	消耗量			
人工	000206000	综合二类工	工日	0.263	0.310	0.371	0.464
材料	322700001	肥料	kg	0.465	0.502	0.542	0.586
材料	143169001	药剂	kg	0.033	0.039	0.047	0.057
材料	341101001	水	m^3	0.360	0.516	0.740	1.063
机械	990423010	杀虫车 1.5t	台班	0.004	0.005	0.006	0.007

工作内容： 中耕施肥、整地除草、修剪剥芽、病虫害防治、树桩绑扎、加土扶正、清除枯枝、灌溉排水、环境清理等。

计量单位： 10 株/月

编号				1-568	1-569	1-570	1-571
项目				落叶乔木养护			
				胸径 ≤ 24cm/干径 ≤ 28cm	胸径 ≤ 32cm/干径 ≤ 35cm	胸径 ≤ 35cm/干径 ≤ 40cm	胸径 ≤ 40cm/干径 ≤ 45cm
名称			单位	消耗量			
人工	000206000	综合二类工	工日	0.598	0.844	1.223	1.559
材料	322700001	肥料	kg	0.633	0.683	0.738	0.797
	143169001	药剂	kg	0.068	0.081	0.098	0.117
	341101001	水	m^3	1.531	2.206	3.182	4.594
机械	990423010	杀虫车 1.5t	台班	0.008	0.010	0.012	0.014

工作内容： 中耕施肥、整地除草、修剪剥芽、病虫害防治、树桩绑扎、加土扶正、清除枯枝、灌溉排水、环境清理等。

计量单位： 10 株/月

编号				1-572	1-573
项目				落叶乔木养护	
				胸径 ≤ 45cm/干径 ≤ 50cm	胸径 ≤ 50cm/干径 ≤ 55cm
名称			单位	消耗量	
人工	000206000	综合二类工	工日	1.862	2.049
材料	322700001	肥料	kg	0.861	0.947
	143169001	药剂	kg	0.141	0.155
	341101001	水	m^3	6.638	7.302
机械	990423010	杀虫车 1.5t	台班	0.017	0.019

2. 灌木养护

（1）单株常绿灌木养护

工作内容： 中耕施肥、整地除草、病虫害防治、除萌蘖枝、修剪、松土、灌溉排水、环境清理等。

计量单位： 10 株/月

编号				1-574	1-575	1-576	1-577
项目				单株常绿灌木养护			
				冠径（cm）			
				≤ 50	≤ 100	≤ 150	≤ 200
名称			单位	消耗量			
人工	000206000	综合二类工	工日	0.034	0.041	0.051	0.068
材料	322700001	肥料	kg	0.031	0.044	0.061	0.086
	143169001	药剂	kg	0.002	0.003	0.004	0.006
	341101001	水	m^3	0.047	0.070	0.106	0.158
机械	990423010	杀虫车 1.5t	台班	0.002	0.003	0.004	0.006

工作内容：中耕施肥、整地除草、病虫害防治、除萌蘖枝、修剪、松土、灌溉排水、环境清理等。

计量单位：10 株/月

编号				1-578	1-579	1-580	1-581
项目				单株常绿灌木养护			
				冠径（cm）			
				≤ 250	≤ 300	≤ 350	≤ 400
名称			单位	消耗量			
人工	000206000	综合二类工	工日	0.094	0.135	0.202	0.279
材料	322700001	肥料	kg	0.120	0.168	0.236	0.330
	143169001	药剂	kg	0.008	0.012	0.018	0.026
	341101001	水	m^3	0.237	0.356	0.534	0.801
机械	990423010	杀虫车 1.5t	台班	0.009	0.014	0.020	0.028

工作内容：中耕施肥、整地除草、病虫害防治、除萌蘖枝、修剪、松土、灌溉排水、环境清理等。

计量单位：10 株/月

编号				1-582
项目				单株常绿灌木养护
				冠径（cm）
				＞ 400
名称			单位	消耗量
人工	000206000	综合二类工	工日	0.352
材料	322700001	肥料	kg	0.462
	143169001	药剂	kg	0.037
	341101001	水	m^3	1.202
机械	990423010	杀虫车 1.5t	台班	0.041

（2）单株落叶灌木养护

工作内容：中耕施肥、整地除草、病虫害防治、修剪、松土、灌溉排水、环境清理等。 计量单位：10 株/月

编号				1-583	1-584	1-585	1-586
项目				单株落叶灌木养护			
				冠径（cm）			
				≤ 50	≤ 100	≤ 150	≤ 200
名称			单位	消耗量			
人工	000206000	综合二类工	工日	0.038	0.080	0.116	0.162
材料	322700001	肥料	kg	0.034	0.066	0.093	0.130
	143169001	药剂	kg	0.002	0.003	0.004	0.006
	341101001	水	m^3	0.043	0.098	0.146	0.219
机械	990423010	杀虫车 1.5t	台班	0.002	0.003	0.004	0.005

工作内容：中耕施肥、整地除草、病虫害防治、修剪、松土、灌溉排水、环境清理等。　**计量单位：**10 株/月

编　号				1-587	1-588	1-589	1-590
项　目				单株落叶灌木养护			
				冠径（cm）			
				≤ 250	≤ 300	≤ 350	≤ 400
名　称			单位	消　耗　量			
人工	000206000	综合二类工	工日	0.235	0.341	0.494	0.717
材料	322700001	肥料	kg	0.182	0.254	0.356	0.498
	143169001	药剂	kg	0.009	0.014	0.031	0.044
	341101001	水	m^3	0.329	0.492	0.738	1.656
机械	990423010	杀虫车　1.5t	台班	0.007	0.009	0.011	0.013

工作内容：中耕施肥、整地除草、病虫害防治、修剪、松土、灌溉排水、环境清理等。　**计量单位：**10 株/月

编　号				1-591
项　目				单株落叶灌木养护
				冠径（cm）
				＞ 400
名　称			单位	消　耗　量
人工	000206000	综合二类工	工日	1.008
材料	322700001	肥料	kg	0.697
	143169001	药剂	kg	0.064
	341101001	水	m^3	1.987
机械	990423010	杀虫车　1.5t	台班	0.015

（3）单排绿篱养护

工作内容：中耕施肥、整地除草、病虫害防治、修剪、松土、灌溉排水、环境清理等。　**计量单位：**10m/月

编　号				1-592	1-593	1-594	1-595
项　目				单排绿篱养护			
				高度（cm）			
				≤ 50	≤ 100	≤ 150	≤ 200
名　称			单位	消　耗　量			
人工	000206000	综合二类工	工日	0.014	0.021	0.030	0.036
材料	322700001	肥料	kg	0.063	0.079	0.092	0.107
	143169001	药剂	kg	0.004	0.005	0.006	0.007
	341101001	水	m^3	0.094	0.144	0.190	0.252
机械	990423010	杀虫车　1.5t	台班	0.003	0.003	0.003	0.004
	991259010	绿篱修剪机	台班	0.007	0.015	0.029	0.045

工作内容：中耕施肥、整地除草、病虫害防治、修剪、松土、灌溉排水、环境清理等。 **计量单位：**10m/月

编号				1-596
项目				单排绿篱养护
				高度（cm）
				＞200
名称			单位	消耗量
人工	000206000	综合二类工	工日	0.045
材料	322700001	肥料	kg	0.124
	143169001	药剂	kg	0.009
	341101001	水	m^3	0.335
机械	990423010	杀虫车 1.5t	台班	0.005
	991259010	绿篱修剪机	台班	0.067

（4）双排绿篱养护

工作内容：中耕施肥、整地除草、病虫害防治、修剪、松土、灌溉排水、环境清理等。 **计量单位：**10m/月

编号				1-597	1-598	1-599	1-600
项目				双排绿篱养护			
				高度（cm）			
				≤50	≤100	≤150	≤200
名称			单位	消耗量			
人工	000206000	综合二类工	工日	0.017	0.025	0.036	0.044
材料	322700001	肥料	kg	0.073	0.091	0.106	0.124
	143169001	药剂	kg	0.005	0.005	0.007	0.008
	341101001	水	m^3	0.122	0.186	0.247	0.328
机械	990423010	杀虫车 1.5t	台班	0.003	0.003	0.004	0.005
	991259010	绿篱修剪机	台班	0.009	0.022	0.039	0.067

工作内容：中耕施肥、整地除草、病虫害防治、修剪、松土、灌溉排水、环境清理等。 **计量单位：**10m/月

编号				1-601
项目				双排绿篱养护
				高度（cm）
				＞200
名称			单位	消耗量
人工	000206000	综合二类工	工日	0.057
材料	322700001	肥料	kg	0.143
	143169001	药剂	kg	0.010
	341101001	水	m^3	0.428
机械	990423010	杀虫车 1.5t	台班	0.006
	991259010	绿篱修剪机	台班	0.117

（5）片植灌木养护

工作内容： 中耕施肥、整地除草、病虫害防治、修剪、松土、灌溉排水、环境清理等。 **计量单位：** $100m^2$/月

编号				1-602	1-603	1-604	1-605
项目				片植灌木养护			
				密度（株/m^2）			
				≤81	≤64	≤49	≤36
	名称		单位	消耗量			
人工	000206000	综合二类工	工日	0.462	0.554	0.658	0.767
材料	322700001	肥料	kg	1.500	1.815	1.997	2.196
	143169001	药剂	kg	0.091	0.142	0.177	0.222
	341101001	水	m^3	2.977	3.627	4.007	4.405
机械	990423010	杀虫车 1.5t	台班	0.042	0.050	0.058	0.063
	991259010	绿篱修剪机	台班	0.069	0.076	0.083	0.092

工作内容： 中耕施肥、整地除草、病虫害防治、修剪、松土、灌溉排水、环境清理等。 **计量单位：** $100m^2$/月

编号				1-606
项目				片植灌木养护
				密度（株/m^2）
				≤25
	名称		单位	消耗量
人工	000206000	综合二类工	工日	0.892
材料	322700001	肥料	kg	2.400
	143169001	药剂	kg	0.278
	341101001	水	m^3	4.800
机械	990423010	杀虫车 1.5t	台班	0.067
	991259010	绿篱修剪机	台班	0.102

3. 竹类养护

（1）散生竹养护

工作内容： 中耕施肥、整地除草、病虫害防治、修剪、灌溉排水、环境清理等。 **计量单位：** 10株/月

编号				1-607	1-608	1-609	1-610
项目				散生竹养护			
				胸径（cm）			
				≤4	≤6	≤8	≤10
	名称		单位	消耗量			
人工	000206000	综合二类工	工日	0.019	0.027	0.033	0.039
材料	322700001	肥料	kg	0.460	0.500	0.520	0.540
	143169001	药剂	kg	0.020	0.024	0.026	0.029
	341101001	水	m^3	0.205	0.303	0.376	0.449
机械	990423010	杀虫车 1.5t	台班	0.002	0.002	0.002	0.003

（2）丛生竹养护

工作内容：中耕施肥、整地除草、病虫害防治、修剪、灌溉排水、环境清理等。 **计量单位：**10 丛/月

编号				1-611	1-612	1-613
项目				丛生竹养护		
				根盘丛径（cm）		
				≤ 40	≤ 60	≤ 80
名称			单位	消耗量		
人工	000206000	综合二类工	工日	0.068	0.084	0.104
材料	322700001	肥料	kg	0.440	0.532	0.644
	143169001	药剂	kg	0.027	0.032	0.039
	341101001	水	m^3	0.498	0.603	0.729
机械	990423010	杀虫车 1.5t	台班	0.003	0.004	0.004

4. 棕榈类养护

工作内容：浇水、施肥、病虫害防治、修剪、钩干枝、除黄叶、除杂草、松土、清理环境等。 **计量单位：**10 株/月

编号				1-614	1-615	1-616
项目				棕榈类养护		
				地径（cm）		
				≤ 25	≤ 40	≤ 50
名称			单位	消耗量		
人工	000206000	综合二类工	工日	0.586	0.713	0.854
材料	322700001	肥料	kg	0.833	1.000	1.200
	143169001	药剂	kg	0.263	0.329	0.411
	341101001	水	m^3	1.615	1.775	1.951
机械	990423010	杀虫车 1.5t	台班	0.032	0.040	0.050

工作内容：浇水、施肥、病虫害防治、修剪、钩干枝、除黄叶、除杂草、松土、环境清理等。 **计量单位：**10 株/月

编号				1-617	1-618	1-619
项目				棕榈类养护		
				地径（cm）		
				≤ 60	≤ 70	≤ 80
名称			单位	消耗量		
人工	000206000	综合二类工	工日	0.983	1.113	1.243
材料	322700001	肥料	kg	1.440	1.728	2.074
	143169001	药剂	kg	0.514	0.642	0.803
	341101001	水	m^3	2.144	2.356	2.589

续前

编号			1-617	1-618	1-619
项目			棕榈类养护		
			地径（cm）		
			≤ 60	≤ 70	≤ 80
名称		单位	消耗量		
机械	990423010	杀虫车 1.5t	台班	0.063	0.078	0.098

5. 水生植物养护

工作内容：分株种植、施肥、病虫害防治、修剪、清理枯枝（叶）、环境清理等。 **计量单位：**100m²/月

编号				1-620
项目				水生植物、荷花
名称			单位	消耗量
人工	000206000	综合二类工	工日	0.720
材料	322700001	肥料	kg	0.033
	143169001	药剂	kg	0.009
机械	990423010	杀虫车 1.5t	台班	0.010

6. 攀缘植物养护

工作内容：松土、除杂、施肥、病虫害防治、修剪、理藤、牵引、环境清理等。 **计量单位：**10株/月

编号				1-621	1-622
项目				攀缘植物养护	
				地径（cm）	
				≤ 3	> 3
名称			单位	消耗量	
人工	000206000	综合二类工	工日	0.053	0.133
材料	322700001	肥料	kg	0.011	0.017
	143169001	药剂	kg	0.002	0.005
	341101001	水	m³	0.110	0.303
机械	990423010	杀虫车 1.5t	台班	0.002	0.005

7. 露地花卉及地被植物养护

工作内容：浇水、施肥、病虫害防治、修剪、除杂草黄叶、松土、清理蔫花等。 **计量单位：**100m²/月

编号				1-623	1-624	1-625
项目				球根、块根、宿根类	一、二年生草本花	地被植物
名称			单位	消耗量		
人工	000206000	综合二类工	工日	0.640	1.190	0.723

续前

编号				1-623	1-624	1-625
项目				球根、块根、宿根类	一、二年生草本花	地被植物
名称			单位	消耗量		
材料	322700001	肥料	kg	0.180	3.500	0.150
	143169001	药剂	kg	0.090	1.030	0.085
	341101001	水	m^3	3.325	16.196	3.080
机械	990423010	杀虫车 1.5t	台班	0.030	0.040	0.020

8. 草坪养护

（1）暖季型草坪养护

工作内容：整地碾压、扎草修边、草屑清除、挑除杂草、施肥、灌溉排水、病虫害防治、环境清理等。

计量单位：100m²/月

编号				1-626	1-627	1-628
项目				暖季型草坪		
				满铺	散铺	播种
名称			单位	消耗量		
人工	000206000	综合二类工	工日	0.460	0.434	0.560
材料	322700001	肥料	kg	2.067	1.447	1.860
	143169001	药剂	kg	0.033	0.026	0.030
	341101001	水	m^3	1.317	1.119	1.580
机械	990423010	杀虫车 1.5t	台班	0.025	0.020	0.021
	991261010	剪草机	台班	0.042	0.035	0.032

（2）冷季型草坪养护

工作内容：整地碾压、扎草修边、草屑清除、挑除杂草、加土施肥、灌溉排水、病虫害防治、环境清理等。

计量单位：100m²/月

编号				1-629	1-630	1-631
项目				冷季型草坪		
				满铺	散铺	播种
名称			单位	消耗量		
人工	000206000	综合二类工	工日	0.969	0.875	1.088
材料	322700001	肥料	kg	2.483	1.738	2.111
	143169001	药剂	kg	0.055	0.050	0.045
	341101001	水	m^3	1.425	1.266	1.583
机械	990423010	杀虫车 1.5t	台班	0.040	0.035	0.030
	991261010	剪草机	台班	0.104	0.083	0.067

（3）混合型草坪养护

工作内容：整地碾压、扎草修边、草屑清除、挑除杂草、施肥、灌溉排水、病虫害防治、环境清理等。

计量单位：100m²/月

编号				1-632	1-633	1-634
项目				混合型草坪		
				满铺	散铺	播种
名称			单位	消耗量		
人工	000206000	综合二类工	工日	0.770	0.695	0.864
材料	322700001	肥料	kg	2.235	1.564	1.899
	143169001	药剂	kg	0.050	0.045	0.041
	341101001	水	m^3	1.282	1.140	1.425
机械	990423010	杀虫车 1.5t	台班	0.036	0.032	0.024
	991261010	剪草机	台班	0.177	0.071	0.057

六、洒水车浇水

工作内容：安装、拆除胶管，运水，浇水，堵水等。

计量单位：10株·年

编号				1-635	1-636	1-637	1-638
项目				裸根乔木洒水车浇水			
				胸径 ≤ 6cm/干径 ≤ 8cm	胸径 ≤ 8cm/干径 ≤ 10cm	胸径 ≤ 10cm/干径 ≤ 12cm	胸径 ≤ 14cm/干径 ≤ 16cm
名称			单位	消耗量			
机械	990409040	洒水车 8000L	台班	0.093	0.144	0.189	0.234

工作内容：安装、拆除胶管，运水，浇水，堵水等。

计量单位：10株·年

编号				1-639	1-640	1-641	1-642
项目				裸根乔木洒水车浇水			
				胸径 ≤ 16cm/干径 ≤ 18cm	胸径 ≤ 20cm/干径 ≤ 24cm	胸径 ≤ 24cm/干径 ≤ 28cm	胸径 ≤ 28cm/干径 ≤ 32cm
名称			单位	消耗量			
机械	990409040	洒水车 8000L	台班	0.288	0.342	0.375	0.408

工作内容：安装、拆除胶管，运水，浇水，堵水等。

计量单位：10株·年

编号				1-643	1-644	1-645	1-646
项目				裸根乔木洒水车浇水			
				胸径 ≤ 32cm/干径 ≤ 35cm	胸径 ≤ 35cm/干径 ≤ 40cm	胸径 ≤ 40cm/干径 ≤ 45cm	胸径 ≤ 45cm/干径 ≤ 50cm
名称			单位	消耗量			
机械	990409040	洒水车 8000L	台班	0.453	0.493	0.547	0.591

工作内容：安装、拆除胶管，运水，浇水，堵水等。　　**计量单位**：10株·年

编号				1-647	1-648	1-649	1-650
项目				裸根乔木洒水车浇水	带土球乔木洒水车浇水		
				胸径≤50cm/干径≤55cm	胸径≤6cm/干径≤8cm	胸径≤8cm/干径≤10cm	胸径≤10cm/干径≤12cm
名称			单位	消耗量			
机械	990409040	洒水车 8000L	台班	0.638	0.091	0.114	0.189

工作内容：安装、拆除胶管，运水，浇水，堵水等。　　**计量单位**：10株·年

编号				1-651	1-652	1-653	1-654
项目				带土球乔木洒水车浇水			
				胸径≤14cm/干径≤16cm	胸径≤16cm/干径≤18cm	胸径≤20cm/干径≤24cm	胸径≤24cm/干径≤28cm
名称			单位	消耗量			
机械	990409040	洒水车 8000L	台班	0.234	0.375	0.468	0.650

工作内容：安装、拆除胶管，运水，浇水，堵水等。　　**计量单位**：10株·年

编号				1-655	1-656	1-657	1-658
项目				带土球乔木洒水车浇水			
				胸径≤28cm/干径≤32cm	胸径≤32cm/干径≤35cm	胸径≤35cm/干径≤40cm	胸径≤40cm/干径≤45cm
名称			单位	消耗量			
机械	990409040	洒水车 8000L	台班	0.746	0.842	0.938	1.079

工作内容：安装、拆除胶管，运水，浇水，堵水等。　　**计量单位**：10株·年

编号				1-659	1-660	1-661	1-662
项目				带土球乔木洒水车浇水		裸根灌木洒水车浇水	
				胸径≤45cm/干径≤50cm	胸径≤50cm/干径≤55cm	冠幅（m）	
						≤1	≤1.5
名称			单位	消耗量			
机械	990409040	洒水车 8000L	台班	1.187	1.306	0.108	0.112

工作内容：安装、拆除胶管，运水，浇水，堵水等。　　**计量单位**：10株·年

编号				1-663	1-664	1-665	1-666
项目				裸根灌木洒水车浇水		带土球灌木洒水车浇水	
				冠幅（m）			
				≤2	≤2.5	≤1	≤1.5
名称			单位	消耗量			
机械	990409040	洒水车 8000L	台班	0.128	0.137	0.090	0.093

工作内容：安装、拆除胶管，运水，浇水，堵水等。 **计量单位**：见表

编号				1-667	1-668	1-669	1-670
项目				带土球灌木洒水车浇水		片植灌木洒水车浇水	
				冠幅（m）		高度（m）	
				≤2	≤2.5	≤0.8	≤1.2
单位				10株·年		100m²·年	
名称			单位	消耗量			
机械	990409040	洒水车 8000L	台班	0.100	0.114	0.500	0.550

工作内容：安装、拆除胶管，运水，浇水，堵水等。 **计量单位**：见表

编号				1-671	1-672	1-673	1-674
项目				片植灌木洒水车浇水		单排绿篱洒水车浇水	
				高度（m）			
				≤1.5	≤2	≤1	≤1.5
单位				100m²·年		10m·年	
名称			单位	消耗量			
机械	990409040	洒水车 8000L	台班	0.900	1.200	0.039	0.042

工作内容：安装、拆除胶管，运水，浇水，堵水等。 **计量单位**：10m·年

编号				1-675	1-676	1-677	1-678
项目				单排绿篱洒水车浇水	双排绿篱洒水车浇水		
				高度（m）			
				≤2	≤1	≤1.5	≤2
名称			单位	消耗量			
机械	990409040	洒水车 8000L	台班	0.069	0.047	0.058	0.093

工作内容：安装、拆除胶管，运水，浇水，堵水等。 **计量单位**：10丛·年

编号				1-679	1-680	1-681
项目				丛生竹洒水车浇水		
				根盘丛径（cm）		
				≤50	≤70	≤80
名称			单位	消耗量		
机械	990409040	洒水车 8000L	台班	0.083	0.170	0.210

工作内容：安装、拆除胶管，运水，浇水，堵水等。 **计量单位**：10株·年

编号				1-682	1-683	1-684
项目				散生竹洒水车浇水		
				胸径（cm）		
				≤4	≤8	≤10
名称			单位	消耗量		
机械	990409040	洒水车 8000L	台班	0.093	0.144	0.189

工作内容：安装、拆除胶管，运水，浇水，堵水等。　　**计量单位：**10株·年

编号				1-685	1-686	1-687	1-688
项目				攀缘植物洒水车浇水			
				地径（cm）			
				≤2	≤3	≤4	≤5
名称			单位	消耗量			
机械	990409040	洒水车 8000L	台班	0.038	0.046	0.056	0.093

工作内容：安装、拆除胶管，运水，浇水，堵水等。　　**计量单位：**$100m^2$·年

编号				1-689	1-690
项目				洒水车浇水	
				草坪，球根、块根、宿根类花卉	草本花卉
名称			单位	消耗量	
机械	990409040	洒水车 8000L	台班	0.180	0.280

工作内容：安装、拆除胶管，运水，浇水，堵水等。　　**计量单位：**$10m^3$

编号				1-691	1-692	1-693	1-694
项目				洒水车浇水			
				灌容量（L）			
				8000	15000	20000	30000
名称			单位	消耗量			
机械	990409050	洒水车	台班	0.250	0.167	0.150	0.134

七、补 充 项 目

1. 铺 种 草 坪

工作内容：翻土整地、清除杂物、搬运草皮、铺草皮、浇水、清理。　　**计量单位：**$10m^2$

编号				1-695
项目				铺种草坪
				植生带
名称			单位	消耗量
人工	000206000	综合二类工	工日	0.949

续前

编　　号				1-695
项　　目				铺种草坪
				植生带
名　　称			单位	消　耗　量
材料	341101001	水	m^3	0.500

2. 聚氨酯弹性安全地砖

工作内容：清理基层、刷胶、铺贴面层等。　　**计量单位：**$100m^2$

编　　号				1-696
项　　目				聚氨酯弹性安全地砖
名　　称			单位	消　耗　量
人工	000206000	综合二类工	工日	14.472
材料	144135029	单液型粘接剂	kg	3.000
	071107001	聚氨酯弹性安全地砖	m^2	102.000
	850103006	其他材料费（占材料费）	%	0.250

3. 塑胶 EPDM 地面

工作内容：清理基层、铺底层弹性颗粒、铺面层材料、找平、喷面漆、画线等。　　**计量单位：**$100m^2$

编　　号				1-697	1-698
项　　目				塑胶 EPDM 地面	
				（8＋5）mm 厚	每增减 1mm
名　　称			单位	消　耗　量	
人工	000206000	综合二类工	工日	15.240	1.492
材料	143511003	稀释液	kg	15.000	1.500
	143513010	底层主剂	kg	127.500	12.750
	143513011	底层硬化剂	kg	42.500	4.250
	143513014	聚氨酯面层硬化剂	kg	60.000	—
	143513020	画线漆主剂	kg	1.000	—
	143513019	画线漆硬化剂	kg	1.000	—
	803703006	防重流添加剂	kg	4.000	0.400
	143513015	聚氨酯面层主剂	kg	120.000	—
	020713001	弹性颗粒	kg	700.000	70.000
	130103001	喷面漆	kg	2.000	—
	144135029	单液型粘接剂	kg	140.000	14.000
	850103006	其他材料费（占材料费）	%	2.500	2.500

第二章

园路、园桥工程

说　明

一、本章包括园路，园桥，树池，台阶，驳岸、护岸共五部分。

二、园路按结构类型分承载（走机动车）与非承载（不走机动车），非承载园路执行本章项目，承载园路执行《陕西省市政工程消耗量定额（2025）》相应项目。

三、卵石面层：

1. 卵石面层按卵石平面平铺考虑，采用露面铺及立面铺时，人工乘以系数 1.2。

2. 卵石粒径以 40～60mm 考虑，设计规格不同时，材料规格和用量可换算，其他不变。

3. 卵石地面用卵石做人物、花鸟、几何等图案的，按拼花项目执行。

4. 卵石拼花指用满铺卵石拼花，分色拼花时，人工乘以系数 1.2。

5. 满铺卵石地面中用砖、瓦片、瓷片等其他材料拼花时，执行相应项目，人工乘以系数 1.2。

四、石质块料面层：

1. 石质块料面层当在坡道（8% < 坡度 ≤ 18%）铺贴时，垫层和面层按平道项目执行，人工乘以系数 1.18。

2. 石质块料零星项目面层适用于台阶的牵边、蹲台、池槽，以及面积在 $0.5m^2$ 以内且未列项目的工程。

3. 石质块料面层按厚度 100mm 以内材料考虑，厚度 > 100mm 时，按施工组织设计另行计算。

五、其他材料面层：

1. 嵌草路面中的回填土、草皮种植执行第一章相应项目。

2. “人字纹”“席纹”铺砖地面执行“拐子锦”项目，“龟背锦”铺砖地面执行“八方锦”项目。拐子锦、八方锦如下图所示：

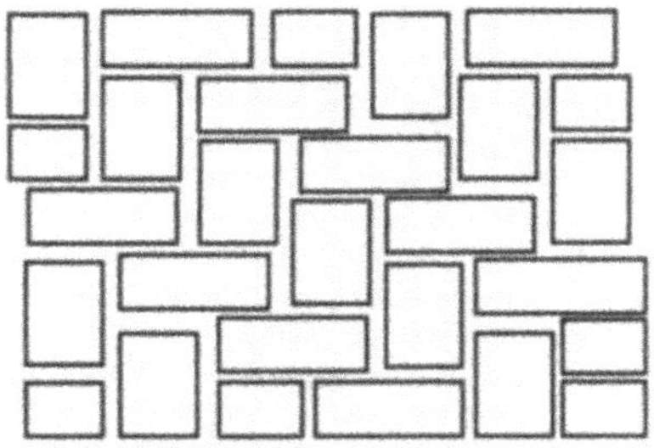

拐子锦

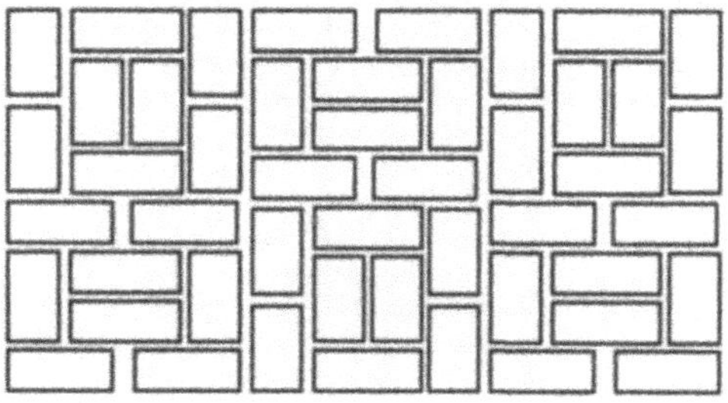

八方锦

3. 若实际设计标准高于定额砂铺消耗量，定额消耗量据实调整。

六、混凝土面层：

1. 现浇透水混凝土路面项目按现场搅拌混凝土考虑。

2. 预制混凝土方形块料按长 × 宽 ≤ 600mm × 600mm，预制混凝土大块块料按长 × 宽 > 600mm × 600mm。

七、侧（平、缘）石安砌按直线、弧线综合考虑。

八、树池填充厚度按 100mm 考虑，设计厚度不同时材料消耗量可以换算。

九、园桥指园林内供游人通行的步桥。本定额按混凝土桥、石桥、木桥编制。

十、石桥檐板、石望柱、石栏板、地伏石、抱鼓石：

1. 本定额均为简式成品安装。如为现场加工制作，执行其他专业相应项目。

2. 本定额安装按平直考虑，实际施工中如遇斜面且坡度 > 30%，人工乘以系数 1.1。

十一、木望柱、木栏板制作、安装按简易型平直考虑，如遇斜式时，人工乘以系数 1.1。

十二、木质构件刷油漆，钢构件制作、安装，铁件制作、安装，螺栓安装等执行《陕西省房屋建筑与装饰工程消耗量定额（2025）》相应项目。

十三、带山石挡土墙的山石（自然石）台阶，山石（自然石）台阶执行本章相应项目。山石挡土墙执行《陕西省房屋建筑与装饰工程消耗量定额（2025）》相应项目。

十四、驳岸、护岸：

1. 自然式护岸指满铺卵石或自然石的护岸，点布大块石护岸套用自然式驳岸项目。

2. 预制混凝土框格护岸项目按成品考虑。

3. 生态袋护岸项目按成品考虑，发生现场装袋，装袋费用另行计算；实际使用生态袋规格尺寸与项目不同时，可调整生态袋消耗量，其他不变。

十五、景观工程钢结构可执行《陕西省房屋建筑与装饰工程消耗量定额（2025）》相应项目。

十六、景墙、挡土墙等所含钢筋工程可执行《陕西省房屋建筑与装饰工程消耗量定额（2025）》相应项目。

工程量计算规则

一、土基路床整理按设计图示尺寸以面积计算。

二、垫层、找平层：

1. 垫层按设计图示尺寸，另计两侧加宽值乘以厚度以体积计算，加宽值按设计规定计算。设计未明确加宽值的，按两侧各加宽 50mm 计算。

2. 找平层按设计图示尺寸以面积计算。

三、卵石面层按设计图示尺寸以面积计算。

四、石质块料面层及其他材料面层：

1. 面层按设计图示尺寸以面积计算。园路如有坡度，工程量以斜面积计算。园路面积应扣除面积大于 $0.5m^2$ 的树池、花池、照壁、底座所占面积。坡道园路带踏步者，其踏步部分应扣除并另按台阶相应项目计算。

2. 嵌草砖铺装按设计图示尺寸以面积计算，不扣除漏空部分的面积。

3. 陶瓷片拼花、拼字，按其外接矩形面积计算。

4. 料石汀步及预制混凝土汀步按设计图示尺寸以体积计算。

五、现浇混凝土模板除另有规定外，按混凝土与模板接触面积计算。

六、侧（平、缘）石铺设按设计图示尺寸以延长米计算。侧（平、缘）石铺设如有坡度时，工程量以斜长计算。

七、园桥：

1. 园桥基础、桥台、桥墩、护坡分别按设计图示尺寸以体积计算。

2. 现浇混凝土梁、桥洞底板、砖砌拱券、石拱券、石券脸等，按设计图示尺寸以体积计算。

3. 挂贴券脸石面按设计图示尺寸以面积计算。

4. 桥面石铺贴按设计图示尺寸以面积计算。

5. 石桥檐板安装按设计图示尺寸以面积计算。

6. 型钢铁锔安装、铸铁银锭安装按设计安装数量以“个”计算。

7. 石望柱安装分不同的石望柱高度以“根”计算，石栏板安装按设计图示尺寸以面积计算。

8. 地伏石安装按设计图示尺寸以延长米计算，抱鼓石安装按设计图示尺寸以面积计算。

9. 园桥现浇毛石混凝土、混凝土构件模板，均按模板与混凝土的接触面积计算。

10. 木梁制作、安装按设计图示尺寸分不同的截面尺寸以体积计算。木龙骨按设计图示尺寸以面积计算，如施工图设计与项目所列木龙骨截面尺寸不同，防腐木消耗量可以调整，其他不变。

11. 木质面板制作、安装按设计图示尺寸以面积计算，木桥挂檐板按设计图示尺寸以外围面积计算。

12. 木望柱制作、安装按设计图示尺寸以体积计算；木栏板制作、安装按设计图示尺寸以面积计算。不扣除漏空部分。

13. 木台阶制作、安装按设计图示尺寸以水平投影面积计算。

八、树池：

1. 围牙按设计图示尺寸以延长米计算。

2. 盖板（复合材料、铸铁）按设计图示以“套”计算，填充按设计图示尺寸以树池内框面积计算。

九、台阶：

1. 料石台阶、山石（自然石）台阶、混凝土台阶按设计图示尺寸以水平投影面积计算。

2. 标准砖台阶按设计图示尺寸以体积计算。

3. 台阶面层按设计图示尺寸以台阶（包括最上层踏步边沿加 300mm）水平投影面积计算。

4. 混凝土台阶模板不包括梯带。按设计图示尺寸以水平投影面积计算，台阶端头两侧不另行计算模板面积。

十、驳岸、护岸：

1. 原木桩驳岸按设计图示尺寸桩长（包括桩尖）乘以截面积以体积计算。

2. 自然式驳岸、自然式护岸、池底散铺卵石按实际使用石料数量以质量计算。

3. 生态袋护岸按设计图示尺寸以体积计算。

4. 预制混凝土框格护岸按设计图示尺寸以面积计算。

一、园　　路

1. 土基路床整理

工作内容： 1. 标高在±30cm 以内的找平等。
2. 打夯、平整等。
3. 放样、人工挖高填低、找平、碾压、检验、人工配合处理机械碾压不到之处等。

计量单位： $100m^2$

编　　号				2-1	2-2	2-3	2-4
项　　目				平整场地	原土夯实		路床整形碾压
					人工	机械	
名　　称			单位	消　耗　量			
人工	000206000	综合二类工	工日	1.701	1.239	0.941	1.642
机械	990123010	电动夯实机 250N · m	台班	—	—	0.502	—
	990150020	光轮压路机 内燃 12t	台班	—	—	—	0.027

2. 垫层、找平层

工作内容： 1. 灰土垫层：基层清理、场内运输、筛土、浇水、拌和、摊铺、找平、振实等。
2. 砂垫层、砂石垫层：基层清理、场内运输、浇水、摊铺、找平、振实等。

计量单位： $10m^3$

编　　号				2-5	2-6	2-7	2-8
项　　目				灰土垫层	砂垫层	砂石垫层	
						人工级配	天然级配
名　　称			单位	消　耗　量			
人工	000206000	综合二类工	工日	5.544	3.278	5.650	4.714
材料	803103001	灰土 3 : 7	m^3	10.200	—	—	—
	341101001	水	m^3	2.000	3.000	3.000	2.500
	040301001	中砂	m^3	—	11.530	4.835	—
	040505006	砾石 15mm	m^3	—	—	9.017	—
	040505002	砂砾 5～80mm	m^3	—	—	—	12.240
机械	990123010	电动夯实机 250N · m	台班	0.440	0.160	0.240	0.240

工作内容： 1. 干铺：基层清理、场内运输、浇水、摊铺、找平、振实等。
2. 灌浆：基层清理、场内运输、浇水、摊铺、调配砂浆、灌缝、找平、振实等。

计量单位： 10m³

编号				2-9	2-10	2-11	2-12
项目				毛石垫层		碎石垫层	
				干铺	灌浆	干铺	灌浆
名称			单位	消耗量			
人工	000206000	综合二类工	工日	6.016	8.008	4.728	4.576
材料	041103001	毛石	m^3	12.240	12.240	—	—
	040301001	中砂	m^3	2.720	—	2.872	—
	341101001	水	m^3	1.000	1.820	1.000	1.866
	800615001	预拌水泥砂浆（综合）	m^3	—	2.734	—	2.886
	040501002	碎石（综合）	m^3	—	—	11.016	11.016
机械	990123010	电动夯实机 250N·m	台班	0.290	0.490	0.260	0.260
	990611010	干混砂浆罐式搅拌机	台班	—	0.456	—	0.481

工作内容： 1. 干铺：基层清理、场内运输、浇水、摊铺、找平、振实等。
2. 水泥石灰拌和、石灰拌和：基层清理、场内运输、浇水、拌和、摊铺、找平、振实等。

计量单位： 10m³

编号				2-13	2-14	2-15
项目				炉（矿）渣垫层		
				干铺	水泥石灰拌和	石灰拌和
名称			单位	消耗量		
人工	000206000	综合二类工	工日	2.694	9.308	9.308
材料	040707001	炉（矿）渣（综合）	m^3	12.240	—	—
	341101001	水	m^3	2.000	2.000	2.000
	040707005	水泥石灰炉渣 1∶1∶10	m^3	—	10.200	—
	040707002	石灰炉（矿）渣 1∶3	m^3	—	—	10.200
机械	990123010	电动夯实机 250N·m	台班	0.108	0.090	0.090

工作内容： 1. 干铺：基层清理、场内运输、浇水、摊铺、找平、振实等。
2. 灌浆：基层清理、场内运输、浇水、摊铺、调配砂浆、灌缝、找平、振实等。

计量单位： 10m³

编号				2-16	2-17
项目				碎砖垫层	
				干铺	灌浆
名称			单位	消耗量	
人工	000206000	综合二类工	工日	5.494	6.876
材料	040713001	碎砖	m^3	13.195	13.195
	040301001	中砂	m^3	2.142	—

续前

编　　号				2-16	2-17
项　　目				碎砖垫层	
				干铺	灌浆
名　　称			单位	消　耗　量	
材料	341101001	水	m^3	2.000	3.145
	800615001	预拌水泥砂浆（综合）	m^3	—	2.153
机械	990123010	电动夯实机 250N · m	台班	0.260	0.260
	990611010	干混砂浆罐式搅拌机	台班	—	0.359

工作内容：基层清理、场内运输、调配砂浆、摊铺、找平、振实等。　　**计量单位：**见表

编　　号				2-18	2-19	2-20	2-21
项　　目				混凝土垫层	水泥砂浆		
					混凝土或硬基层上，厚 20mm	填充材料上，厚 20mm	每增减 1mm
单位				$10m^3$	$100m^2$		
名　　称			单位	消　耗　量			
人工	000206000	综合二类工	工日	3.888	9.982	12.018	0.246
材料	802101009	预拌混凝土（综合）	m^3	10.200	—	—	—
	020901001	塑料薄膜	m^2	47.780	—	—	—
	341101001	水	m^3	5.000	4.212	4.365	0.031
	341103001	电	kW · h	23.100	—	—	—
	800615001	预拌水泥砂浆（综合）	m^3	—	2.040	2.550	0.102
机械	990611010	干混砂浆罐式搅拌机	台班	—	0.340	0.425	0.017

3. 卵 石 面 层

工作内容：放样、清理基层、场内运输、调配砂浆、铺面层、嵌缝、清理净面等。　　**计量单位：**$100m^2$

编　　号				2-22	2-23	2-24
项　　目				卵石满铺（平面）		素色彩边卵石面
				平铺		
				拼花	不拼花	
名　　称			单位	消　耗　量		
人工	000206000	综合二类工	工日	70.840	56.672	59.507
材料	040503004	本色卵石	t	5.500	7.200	5.800
	040503005	彩色卵石	t	1.700	—	1.400
	800615001	预拌水泥砂浆（综合）	m^3	3.600	3.600	3.600
	143107001	草酸	kg	1.000	1.000	1.000
	341101001	水	m^3	6.080	6.080	6.080
机械	990611010	干混砂浆罐式搅拌机	台班	0.600	0.600	0.600

4. 石质块料面层

工作内容： 1. 石质块料，板厚度 ≤ 50mm，浆铺：放样、清理基层、场内运输、调配砂浆、刷素水泥浆、锯板磨边、铺贴块料、勾缝（不勾缝除外）、清理净面等。

2. 石质块料，板厚度 ≤ 100mm，砂铺：放样、清理基层、场内运输、铺砂、铺贴块料、清理净面等。

3. 石质块料，板厚度 ≤ 100mm，浆铺：放样、清理基层、场内运输、调配砂浆、锯板磨边、铺贴块料、清理净面等。

计量单位： $100m^2$

编号				2-25	2-26	2-27	2-28
项目				石质块料			
				板厚度 ≤ 50mm		板厚度 ≤ 100mm	
				浆铺（勾缝）	浆铺（不勾缝）	砂铺	浆铺（不勾缝）
名称			单位	消耗量			
人工	000206000	综合二类工	工日	28.027	23.827	30.900	34.331
材料	040519003	石质块料	m^2	98.000	102.000	102.000	102.000
	800615001	预拌水泥砂浆（综合）	m^3	2.040	2.040	—	2.040
	144115007	胶粘剂 DTA 砂浆	m^3	0.100	—	—	—
	040113002	白色硅酸盐水泥 32.5	kg	10.200	—	—	—
	031541007	石料切割锯片	片	0.615	0.615	0.615	0.615
	022701003	棉纱头	kg	1.000	1.000	—	1.000
	340909001	锯木屑	m^3	0.600	0.600	—	0.600
	341101001	水	m^3	2.912	2.912	0.700	3.212
	341103001	电	kW · h	11.070	11.070	11.070	11.070
	040301001	中砂	m^3	—	—	8.000	—
机械	990611010	干混砂浆罐式搅拌机	台班	0.340	0.340	—	0.340

工作内容： 放样、清理基层、场内运输、调配砂浆、铺贴块料、清理净面等。 **计量单位：** $100m^2$

编号				2-29	2-30	2-31
项目				乱铺冰片石	石质块料	
					拼花	碎拼
名称			单位	消耗量		
人工	000206000	综合二类工	工日	41.031	34.844	32.949
材料	040507003	冰片石	m^2	104.000	—	—
	800615001	预拌水泥砂浆（综合）	m^3	2.040	2.040	2.040
	144115007	胶粘剂 DTA 砂浆	m^3	0.100	0.100	0.100
	040113002	白色硅酸盐水泥 32.5	kg	10.300	10.300	10.300
	031541007	石料切割锯片	片	0.615	—	0.615
	022701003	棉纱头	kg	2.000	1.000	1.000

续前

编　　号				2-29	2-30	2-31
项　　目				乱铺冰片石	石质块料	
					拼花	碎拼
名　　称			单位	消　耗　量		
材料	340909001	锯木屑	m^3	0.600	0.600	0.600
	341101001	水	m^3	2.912	2.912	2.912
	341103001	电	kW · h	11.070	—	11.070
	040519003	石质块料	m^2	—	104.000	104.000
机械	990611010	干混砂浆罐式搅拌机	台班	0.340	0.340	0.340

工作内容： 1. 平面（立面）粘贴：放样、清理基层、场内运输、调配砂浆、锯板磨边、铺贴块料、清理净面等。
2. 立面挂贴：放样、清理基层、场内运输、刷浆、安铁件、制作安装钢筋、焊接固定，砂浆打底、铺抹结合层、安挂件（螺栓）；选料、钻孔开槽、穿丝固定，调配砂浆，挂贴块料、清理净面等。
3. 立面碎拼：放样、清理基层、场内运输、调配砂浆、铺贴块料、清理净面等。

计量单位：100m^2

编　　号				2-32	2-33	2-34	2-35
项　　目				零星装饰项目			
				平面（粘贴）	立面		
					粘贴	挂贴	碎拼
名　　称			单位	消　耗　量			
人工	000206000	综合二类工	工日	47.345	52.620	67.807	63.683
材料	040519003	石质块料	m^2	106.000	106.000	106.000	106.000
	800615001	预拌水泥砂浆（综合）	m^3	2.040	2.078	4.004	1.362
	144115007	胶粘剂 DTA 砂浆	m^3	0.110	—	—	—
	040113002	白色硅酸盐水泥 32.5	kg	11.220	17.510	15.965	—
	031541007	石料切割锯片	片	1.520	1.530	1.530	1.530
	022701003	棉纱头	kg	1.000	1.166	1.313	1.050
	340909001	锯木屑	m^3	0.600	—	—	—
	341101001	水	m^3	3.212	1.624	2.742	1.373
	341103001	电	kW · h	27.000	27.000	27.000	27.000
	016111002	锡纸	kg	—	0.699	5.250	0.315
	140921001	硬白蜡	kg	—	3.087	4.095	5.250
	144135006	YJ-III 胶	kg	—	46.620	—	—
	143107001	草酸	kg	—	1.166	1.250	3.150
	030107034	膨胀螺栓 M8 × 80	套	—	—	612.000	—
	010101017	热轧圆盘条 ϕ10 以内	kg	—	—	148.400	—
	014101001	铜丝	kg	—	—	0.935	—

续前

编号				2-32	2-33	2-34	2-35
项目				零星装饰项目			
				平面（粘贴）	立面		
					粘贴	挂贴	碎拼
名称			单位	消耗量			
材料	801105001	水泥石膏砂浆 1：0.2：2.5	m^3	—	—	—	1.248
机械	990611010	干混砂浆罐式搅拌机	台班	0.420	0.346	0.667	0.227

5. 其他材料面层

工作内容： 1. 洗米石：放样、清理基层、场内运输、调配砂浆、座浆、铺面层、灌缝、刷石、撤石、抹平、压实、清理净面等。
2. 嵌草砖砂铺：放样、清理基层、场内运输、选砖、砍砖、清洗砖、铺砂、铺面层、拍平、压实、清理净面等。

计量单位： $100m^2$

编号				2-36	2-37	2-38
项目				洗米石		嵌草砖砂铺
				平面	立面	
				厚 30mm		
名称			单位	消耗量		
人工	000206000	综合二类工	工日	39.700	47.640	15.140
材料	040519004	洗米石 3～5	kg	4725.000	4725.000	—
	801103003	建筑胶素白水泥浆	m^3	0.150	0.150	—
	040113002	白色硅酸盐水泥 32.5	kg	2010.000	2010.000	—
	143107001	草酸	kg	0.100	0.100	—
	341101001	水	m^3	5.000	5.000	—
	360505002	嵌草砖 厚度 60～80mm	m^2	—	—	102.000
	040301001	中砂	m^3	—	—	3.090

工作内容： 1. 砂铺：放样、清理基层、场内运输、选砖、砍砖、清洗砖、铺砂、铺面层、拍平、压实、清理净面等。
2. 浆铺：放样、清理基层、场内运输、选砖、砍砖、清洗砖、调配砂浆、铺面层、拍平、压实、清理净面等。

计量单位： $100m^2$

编号				2-39	2-40	2-41	2-42
项目				八五小青瓦侧铺		八五小青瓦平铺	
				砂铺	浆铺	砂铺	浆铺
名称			单位	消耗量			
人工	000206000	综合二类工	工日	14.753	18.011	8.637	10.060
材料	041301004	八五小青砖 220×105×42	100 块	115.000	115.000	45.000	45.000

续前

编号				2-39	2-40	2-41	2-42
项目				八五小青瓦侧铺		八五小青瓦平铺	
				砂铺	浆铺	砂铺	浆铺
名称			单位	消耗量			
材料	040305002	粗砂	m^3	3.090	—	3.090	—
	341101001	水	m^3	0.700	1.620	0.700	1.620
	800615001	预拌水泥砂浆（综合）	m^3	—	3.060	—	3.060
机械	990611010	干混砂浆罐式搅拌机	台班	—	0.510	—	0.510

工作内容： 1. 砂铺：放样、清理基层、场内运输、选砖、砍砖、清洗砖、铺砂、铺面层、拍平、压实、清理净面等。

2. 浆铺：放样、清理基层、场内运输、选砖、砍砖、清洗砖、调配砂浆、铺面层、拍平、压实、清理净面等。

计量单位： $100m^2$

编号				2-43	2-44	2-45	2-46
项目				标准砖平铺			
				八方锦		拐子锦	
				砂铺	浆铺	砂铺	浆铺
名称			单位	消耗量			
人工	000206000	综合二类工	工日	10.891	12.988	11.871	14.263
材料	041301003	标准砖 240 × 115 × 53	千块	3.401	3.401	3.401	3.401
	040305002	粗砂	m^3	3.090	—	3.090	—
	341101001	水	m^3	0.700	1.620	0.700	1.620
	800615001	预拌水泥砂浆（综合）	m^3	—	3.060	—	3.060
机械	990611010	干混砂浆罐式搅拌机	台班	—	0.510	—	0.510

工作内容： 1. 透水砖砂铺：放样、清理基层、场内运输、选砖、砍砖、清洗砖、铺砂、铺面层、拍平、压实、清理净面等。

2. 彩色透水石路面：放样、清理基层、场内运输、铺面层、嵌缝、清理净面等。

计量单位： $100m^2$

编号				2-47	2-48	2-49
项目				透水砖砂铺	彩色透水石路面	
					厚 20mm	厚 30mm
名称			单位	消耗量		
人工	000206000	综合二类工	工日	9.180	8.000	8.400
材料	360507002	透水砖 200 × 100 × 60	m^2	102.000	—	—
	040305002	粗砂	m^3	3.090	—	—
	341101001	水	m^3	0.700	—	—
	142107001	环氧树脂	kg	—	280.000	420.000
	040717002	天然石屑	t	—	4.500	6.750
	020901001	塑料薄膜	m^2	—	115.000	115.000

工作内容： 1. 放样、清理基层、场内运输、铺砂、铺面层、嵌缝、清理净面等。
2. 放样、清理基层、场内运输、清洗瓷片、调配砂浆、铺面层、嵌缝、清理净面等。

计量单位： 100m²

编号				2-50	2-51
项目				瓦片（侧铺）	陶瓷片拼花、拼字
名称			单位	消耗量	
人工	000206000	综合二类工	工日	81.791	58.353
材料	311103001	蝴蝶瓦（盖） 180×180×13	100块	239.200	—
	040301001	中砂	m³	7.100	—
	070309001	陶瓷片	m²	—	105.000
	800615001	预拌水泥砂浆（综合）	m³	—	4.060
	040113005	白水泥膏	m³	—	0.100
	341101001	水	m³	—	2.918
机械	990611010	干混砂浆罐式搅拌机	台班	—	0.677

工作内容： 1. 砂铺：放样、清理基层、场内运输、铺砂、铺面层、嵌缝、清理净面等。
2. 浆铺：放样、清理基层、场内运输、调配砂浆、铺面层、清理净面等。

计量单位： 100m²

编号				2-52	2-53	2-54	2-55
项目				六角块		小方料石	
				砂铺	浆铺	砂铺	浆铺
名称			单位	消耗量			
人工	000206000	综合二类工	工日	17.511	21.920	21.780	26.791
材料	360503001	六角板	m²	102.000	102.000	—	—
	040301001	中砂	m³	3.090	—	14.200	—
	341101001	水	m³	0.600	2.618	0.600	1.200
	800615001	预拌水泥砂浆（综合）	m³	—	3.060	—	4.000
	041107008	小方料石	m²	—	—	109.000	109.000
机械	990611010	干混砂浆罐式搅拌机	台班	—	0.510	—	0.667

工作内容： 放样、清理基层、场内运输、调配砂浆、铺面层、清理净面等。

计量单位： 10m³

编号				2-56	2-57
项目				料石汀步	混凝土汀步
名称			单位	消耗量	
人工	000206000	综合二类工	工日	11.940	12.000
材料	041107004	料石	m³	10.100	—
	800615001	预拌水泥砂浆（综合）	m³	0.800	1.600
	341101001	水	m³	0.240	0.480
	042725014	预制混凝土块	m³	—	10.100
机械	990611010	干混砂浆罐式搅拌机	台班	0.133	0.267

6. 混凝土面层

（1）现浇混凝土面层

工作内容：放样、清理基层、场内运输、浇筑、振捣夯实、整平、嵌缝、养护、清理场地等。

计量单位：100m²

编　号				2-58	2-59
项　目				现浇混凝土面层	
				厚 120mm	每增减 10mm
名　称			单位	消　耗　量	
人工	000206000	综合二类工	工日	12.290	0.313
材料	802101009	预拌混凝土（综合）	m³	12.240	1.020
	031541007	石料切割锯片	片	0.050	—
	020901001	塑料薄膜	m²	115.000	—
	341101001	水	m³	14.000	1.200
	341103001	电	kW · h	2.800	0.230
机械	990618010	混凝土切缝机 7.5kW	台班	0.375	—

（2）现浇透水混凝土面层

工作内容：放样、清理基层、拌和、场内运输、人工入模摊铺、振捣夯实、整平、养护、切伸缩缝及嵌缝、喷保护剂、清理场地等。

计量单位：100m²

编　号				2-60	2-61	2-62	2-63
项　目				透水混凝土面层		透水彩色混凝土面层	
				厚 50mm	每增减 10mm	厚 30mm	每增加 10mm
名　称			单位	消　耗　量			
人工	000206000	综合二类工	工日	10.973	0.883	15.503	2.982
材料	040100006	水泥 42.5	kg	1921.000	376.670	1152.600	384.200
	040501017	碎石 10	kg	9698.320	1939.700	5819.000	1939.670
	143521001	LDA 增强剂	kg	17.840	9.688	29.060	9.688
	133513002	PG 道路嵌缝胶	kg	9.760	—	9.760	—
	143527001	氟碳保护剂	kg	30.000	—	30.000	—
	020901001	塑料薄膜	m²	115.000	—	115.000	—
	023101001	土工布（综合）	m²	20.000	—	20.000	—
	021309001	泡沫条 ϕ8	m	30.600	—	30.000	—
	031541007	石料切割锯片	片	0.050	—	0.050	—
	341101001	水	m³	4.450	0.090	4.270	1.423
	341103001	电	kW · h	0.400	0.132	0.400	0.132
	142311002	无机颜料	kg	—	—	34.578	11.526
机械	990406010	机动翻斗车 1t	台班	0.403	0.081	0.240	0.081
	990618010	混凝土切缝机 7.5kW	台班	0.375	—	0.375	—
	990602030	双锥反转出料混凝土搅拌机 500L	台班	0.167	0.033	0.100	0.033
	991003020	电动空气压缩机 0.6m³/min	台班	—	—	0.030	0.010

（3）现浇混凝土面层模板及压模面层

工作内容： 1. 场内运输，模板制作、安装，涂脱模剂，模板拆除、修理、整堆等。
2. 放样、清理基层、场内运输、铺面层、拍平、压实、清理净面等。 **计量单位：** $100m^2$

编号				2-64	2-65
项目				现浇混凝土面层模板	彩色压模艺术地坪面层 厚 4mm（混凝土面层上）
名称			单位	消耗量	
人工	000206000	综合二类工	工日	12.621	15.200
材料	350123002	复合模板	m^2	24.675	—
	050401009	板枋材松杂	m^3	0.722	—
	800615001	预拌水泥砂浆（综合）	m^3	0.012	—
	010100004	钢筋（综合）	kg	86.518	—
	031501008	圆钉（综合）	kg	1.837	—
	143531001	隔离剂	kg	10.000	—
	031507018	镀锌铁丝 ϕ2.8～4.0	kg	0.180	—
	143507001	彩色强化剂	kg	—	420.000
	341101001	水	m^3	—	0.150
机械	990706010	木工圆锯机 500mm	台班	0.037	—
	990611010	干混砂浆罐式搅拌机	台班	0.002	—

（4）混凝土块料铺装

工作内容： 1. 砂铺：放样、清理基层、场内运输、铺砂、铺面层、嵌缝、清理净面等。
2. 浆铺：放样、清理基层、场内运输、调配砂浆、铺面层、清理净面等。 **计量单位：** $100m^2$

编号				2-66	2-67	2-68	2-69
项目				方形块料		异型块料	
				砂铺	浆铺	砂铺	浆铺
名称			单位	消耗量			
人工	000206000	综合二类工	工日	14.200	17.376	15.558	19.090
材料	043121004	预制混凝土方形块料	m^2	102.000	102.000	—	—
	040301001	中砂	m^3	5.770	—	5.770	—
	341101001	水	m^3	0.700	1.624	0.700	1.624
	800615001	预拌水泥砂浆（综合）	m^3	—	3.080	—	3.080
	043121009	预制混凝土异型块料	m^2	—	—	102.000	102.000
机械	990611010	干混砂浆罐式搅拌机	台班	—	0.513	—	0.513

工作内容： 1. 砂铺：放样、清理基层、场内运输、铺砂、铺面层、嵌缝、清理净面等。
2. 浆铺：放样、清理基层、场内运输、调配砂浆、铺面层、清理净面等。 **计量单位：** $100m^2$

编号				2-70	2-71	2-72	2-73
项目				大块块料		假冰片	
				砂铺	浆铺	砂铺	浆铺
名称			单位	消耗量			
人工	000206000	综合二类工	工日	20.990	26.152	20.738	25.822

续前

编号				2-70	2-71	2-72	2-73
项目				大块块料		假冰片	
				砂铺	浆铺	砂铺	浆铺
名称			单位	消耗量			
材料	043121003	预制混凝土大块块料	m^2	102.000	102.000	—	—
	040301001	中砂	m^3	5.770	—	5.770	—
	341101001	水	m^3	0.700	1.624	0.700	1.624
	800615001	预拌水泥砂浆（综合）	m^3	—	3.080	—	3.080
	043121006	预制混凝土假冰片	m^2	—	—	102.000	102.000
机械	990611010	干混砂浆罐式搅拌机	台班	—	0.513	—	0.513

7. 侧（平、缘）石安砌

（1）侧缘石安砌

工作内容：放样、开槽、场内运输、调配砂浆、安砌、勾缝、养护、清理等。 **计量单位：**100m

编号				2-74	2-75	2-76	2-77
项目				砖缘石（侧铺）		砖缘石（立铺）	
				单砖	双砖	单砖	双砖
名称			单位	消耗量			
人工	000206000	综合二类工	工日	0.919	1.560	1.831	3.105
材料	800615001	预拌水泥砂浆（综合）	m^3	0.020	0.160	0.100	0.450
	041301003	标准砖 240×115×53	千块	0.402	0.804	0.804	1.650
	341101001	水	m^3	0.006	0.048	0.030	0.135
	850103006	其他材料费（占材料费）	%	1.500	1.500	1.500	1.500
机械	990611010	干混砂浆罐式搅拌机	台班	0.003	0.027	0.017	0.075

工作内容：放样、开槽、场内运输、调配砂浆、安砌、勾缝、养护、清理等。 **计量单位：**100m

编号				2-78	2-79	2-80	2-81
项目				侧石		缘石	
				混凝土	石质	混凝土	石质
名称			单位	消耗量			
人工	000206000	综合二类工	工日	4.775	6.421	2.525	3.457
材料	360713001	混凝土立缘石	m	101.000	—	—	—
	800615001	预拌水泥砂浆（综合）	m^3	0.050	0.050	0.010	0.010
	800300001	石灰砂浆	m^3	0.824	0.820	0.620	0.620
	341101001	水	m^3	0.015	0.015	0.003	0.003
	360713003	石质立缘石 350×150	m	—	101.000	—	—
	360703001	混凝土缘石	m	—	—	101.000	—
	360701002	石质缘石 300×150	m	—	—	—	101.000
	850103006	其他材料费（占材料费）	%	1.500	1.500	1.500	1.500
机械	990611010	干混砂浆罐式搅拌机	台班	0.008	0.008	0.002	0.002

（2）侧平石安砌

工作内容：放样、开槽、场内运输、调配砂浆、安砌、勾缝（不勾缝除外）、养护、清理等。

计量单位：100m

编号				2-82	2-83	2-84	2-85
项目				连接型		分离型	
				勾缝	不勾缝	勾缝	不勾缝
名称			单位	消耗量			
人工	000206000	综合二类工	工日	10.550	9.680	12.326	10.902
材料	360711002	混凝土连接型侧平石	m	101.000	101.000	—	—
	800615001	预拌水泥砂浆（综合）	m^3	0.070	—	0.195	—
	800300001	石灰砂浆	m^3	0.310	0.310	0.310	0.310
	341101001	水	m^3	0.021	—	0.059	—
	360711001	混凝土分离型侧平石	m	—	—	101.000	101.000
	850103006	其他材料费（占材料费）	%	1.500	1.500	1.500	1.500
机械	990611010	干混砂浆罐式搅拌机	台班	0.065	0.053	0.086	0.053

二、园　　桥

1. 基　　础

工作内容：1. 毛石基础、条石基础：放样、选石、场内运输、调配砂浆、堆砌、塞垫嵌缝、清理、养护等。

2. 现浇毛石混凝土基础、现浇混凝土基础：浇筑、振捣、养护等。

计量单位：$10m^3$

编号				2-86	2-87	2-88	2-89
项目				毛石基础	条石基础	现浇毛石混凝土基础	现浇混凝土基础
名称			单位	消耗量			
人工	000206000	综合二类工	工日	7.316	8.271	3.883	3.758
材料	041103001	毛石	m^3	11.500	—	2.752	—
	800615001	预拌水泥砂浆（综合）	m^3	3.500	2.700	—	—
	341101001	水	m^3	3.300	3.500	0.930	1.009
	041109001	条石	m^3	—	10.500	—	—
	802101009	预拌混凝土（综合）	m^3	—	—	8.673	10.100
	020901001	塑料薄膜	m^2	—	—	12.012	12.590
	341103001	电	kW·h	—	—	1.980	2.310
机械	990611010	干混砂浆罐式搅拌机	台班	0.583	0.450	—	—

工作内容：场内运输、模板制作、安装、涂脱模剂；模板拆除、修理、整堆等。　　**计量单位：**100m²

编号				2-90
项目				现浇毛石混凝土、混凝土基础模板
名称			单位	消耗量
人工	000206000	综合二类工	工日	18.460
材料	350123002	复合模板	m^2	24.680
	050401003	板枋材	m^3	0.720
	330127004	钢支撑	kg	47.540
	031501005	铁钉	kg	1.790
	031507010	镀锌铁丝 ϕ0.7～1.2	kg	1.800
	143557001	脱模剂	kg	10.000
	144303020	塑料粘胶带 20mm × 50m	卷	4.000
机械	990706010	木工圆锯机 500mm	台班	0.090

2. 桥台、桥墩

工作内容：放样、选石、场内运输、调配砂浆、堆砌、塞垫嵌缝、清理、养护等。　　**计量单位：**10m³

编号				2-91	2-92
项目				桥台、桥墩	
				毛石	条石
名称			单位	消耗量	
人工	000206000	综合二类工	工日	10.165	12.232
材料	041103001	毛石	m^3	11.500	—
	800615001	预拌水泥砂浆（综合）	m^3	3.580	2.750
	341101001	水	m^3	7.300	7.500
	041109001	条石	m^3	—	10.500
机械	990304002	汽车式起重机 5t	台班	0.120	0.120
	990611010	干混砂浆罐式搅拌机	台班	0.597	0.458

工作内容：1. 浇筑、振捣、养护等。
2. 场内运输，模板制作、安装，涂脱模剂，模板拆除、修理、整堆等。　　**计量单位：**见表

编号				2-93	2-94
项目				现浇混凝土桥台、桥墩	现浇混凝土桥台、桥墩模板
单位				$10m^3$	$100m^2$
名称			单位	消耗量	
人工	000206000	综合二类工	工日	4.638	36.280
材料	802101009	预拌混凝土（综合）	m^3	10.100	—
	020901001	塑料薄膜	m^2	17.388	—
	341103001	电	kW · h	8.076	—
	350123002	复合模板	m^2	—	26.680
	050401003	板枋材	m^3	—	0.720
	330127004	钢支撑	kg	—	47.540
	031501005	铁钉	kg	—	1.790

续前

编号				2-93	2-94
项目				现浇混凝土桥台、桥墩	现浇混凝土桥台、桥墩模板
单位				$10m^3$	$100m^2$
名称			单位	消耗量	
材料	143557001	脱模剂	kg	—	10.000
	031507010	镀锌铁丝 $\phi0.7\sim1.2$	kg	—	0.180
	144303020	塑料粘胶带 20mm×50m	卷	—	4.000
机械	990706010	木工圆锯机 500mm	台班	—	0.009

3. 梁、板

工作内容： 1. 浇筑、振捣、养护等。

2. 场内运输，模板制作、安装，涂脱模剂，模板拆除、修理、整堆等。 **计量单位：** 见表

编号				2-95	2-96
项目				现浇混凝土	
				单梁	单梁模板
单位				$10m^3$	$100m^2$
名称			单位	消耗量	
人工	000206000	综合二类工	工日	3.966	35.840
材料	802101009	预拌混凝土（综合）	m^3	10.100	—
	020901001	塑料薄膜	m^2	39.820	—
	341101001	水	m^3	5.492	—
	341103001	电	kW·h	4.190	—
	050401003	板枋材	m^3	—	1.940
	031501005	铁钉	kg	—	21.300
	143557001	脱模剂	kg	—	10.000
	133517001	模板嵌缝料	kg	—	5.000
机械	990706010	木工圆锯机 500mm	台班	—	1.290

工作内容： 1. 桥洞底板：浇筑、振捣、养护等。

2. 桥洞底板模板：场内运输，模板制作、安装，涂脱模剂，模板拆除、修理、整堆等。 **计量单位：** 见表

编号				2-97	2-98	2-99	2-100
项目				现浇混凝土			
				桥洞底板（拱桥）	桥洞底板模板（拱桥）	桥洞底板（平桥）	桥洞底板模板（平桥）
单位				$10m^3$	$100m^2$	$10m^3$	$100m^2$
名称			单位	消耗量			
人工	000206000	综合二类工	工日	7.524	59.796	6.498	38.313
材料	802101009	预拌混凝土（综合）	m^3	10.100	—	10.100	—
	020901001	塑料薄膜	m^2	11.781	—	45.003	—

续前

编　　号				2-97	2-98	2-99	2-100
项　　目				现浇混凝土			
				桥洞底板（拱桥）	桥洞底板模板（拱桥）	桥洞底板（平桥）	桥洞底板模板（平桥）
单　　位				$10m^3$	$100m^2$	$10m^3$	$100m^2$
		名　　称	单位	消　耗　量			
材料	341101001	水	m^3	5.200	—	4.410	—
	341103001	电	kW·h	12.686	—	12.229	—
	050401003	板枋材	m^3	—	1.720	—	1.470
	031501005	铁钉	kg	—	6.700	—	3.900
	143557001	脱模剂	kg	—	10.000	—	10.000
	133517001	模板嵌缝料	kg	—	5.000	—	5.000
	031509001	铁件（综合）	kg	—	—	—	26.000
机械	990706010	木工圆锯机 500mm	台班	—	2.670	—	2.600

4. 护　　坡

工作内容：选、修、场内运输、调配砂浆、铺砂浆、砌石、勾缝等。　　**计量单位：**$10m^3$

编　　号				2-101	2-102
项　　目				毛石护坡	条石护坡
		名　　称	单位	消　耗　量	
人工	000206000	综合二类工	工日	14.900	14.856
材料	041103001	毛石	m^3	11.800	—
	800615001	预拌水泥砂浆（综合）	m^3	3.400	4.377
	341101001	水	m^3	1.020	1.313
	041109001	条石	m^3	—	10.100
机械	990611010	干混砂浆罐式搅拌机	台班	0.567	0.730

5. 拱券、券脸

工作内容：1. 放样，选料，场内运输，拱圈底模制作、安装、拆除，调配砂浆，砌筑，养护等。
2. 放样，选石，场内运输，拱圈底模制作、安装、拆除，调配砂浆，砌筑，养护等。
3. 放样、选石、场内运输、调配砂浆、拼缝安装、灌缝净面、清理、养护等。
4. 清理基层，场内运输，钻孔，预埋铁件，制作安装钢筋网，电焊固定，钻板，镶贴面层，穿丝固定，灌浆，磨光，养护等。　　**计量单位：**见表

编　　号				2-103	2-104	2-105	2-106
项　　目				砖砌拱券	石砌拱券	石砌券脸	挂贴券脸石面
单　　位				$10m^3$			$100m^2$
		名　　称	单位	消　耗　量			
人工	000206000	综合二类工	工日	22.970	27.685	29.070	64.600

续前

编号				2-103	2-104	2-105	2-106
项目				砖砌拱券	石砌拱券	石砌券脸	挂贴券脸石面
单位				10m³			100m²
名称			单位	消耗量			
材料	041301003	标准砖 240×115×53	千块	5.380	—	—	—
	050401003	板枋材	m³	0.304	0.100	0.100	—
	800615001	预拌水泥砂浆（综合）	m³	2.290	2.810	2.810	4.004
	031501005	铁钉	kg	6.600	1.000	1.000	—
	341101001	水	m³	1.070	1.313	0.843	1.541
	041109001	条石	m³	—	10.500	—	—
	040519002	券脸石	m³	—	—	10.500	—
	040519003	石质块料	m²	—	—	—	106.000
	040113002	白色硅酸盐水泥 32.5	kg	—	—	—	15.965
	031541007	石料切割锯片	片	—	—	—	1.530
	030107040	膨胀螺栓 M12×80	套	—	—	—	612.000
	014101001	铜丝	kg	—	—	—	0.935
	010100006	钢筋 ϕ10 以内	t	—	—	—	0.148
	850103006	其他材料费（占材料费）	%	—	—	—	3.000
机械	990611010	干混砂浆罐式搅拌机	台班	0.382	0.468	0.468	0.620

6. 装饰贴面

工作内容： 1. 清理基层、场内运输、调配砂浆、打底刷浆、切割块料、镶贴块料面层、砂浆勾缝、清理净面、养护等。

2. 场内运输、调配砂浆、截头打眼、拼缝安装、清理净面、养护等。 **计量单位：** 100m²

编号				2-107	2-108	2-109
项目				桥面石铺贴		石桥檐板
				石材厚 ≤ 50mm	每增厚 10mm	厚 ≤ 60mm
名称			单位	消耗量		
人工	000206000	综合二类工	工日	24.460	2.980	54.000
材料	080100003	石质板材	m²	102.000	—	—
	800615001	预拌水泥砂浆（综合）	m³	5.100	—	5.900
	031541007	石料切割锯片	片	4.630	—	—
	341101001	水	m³	1.530	—	1.770
	081715005	石桥檐板（成品）	m²	—	—	106.000
	040113002	白色硅酸盐水泥 32.5	kg	—	—	30.000
机械	990611010	干混砂浆罐式搅拌机	台班	0.850	—	0.980

工作内容：场内运输、放样、安装、调整、固定等。　　**计量单位：**个

编号				2-110	2-111
项目				型钢铁锔安装	铸铁银锭安装
名称			单位	消耗量	
人工	000206000	综合二类工	工日	0.070	0.080
材料	012315007	型钢铁锔	个	1.000	—
	016117001	铸铁银锭	个	—	1.000

7. 其他石构件

工作内容：场内运输、放样、调配砂浆、安装、调整、固定、塞垫嵌缝、清理、勾缝、养护等。　　**计量单位：**见表

编号				2-112	2-113	2-114	2-115
项目				石望柱安装			石栏板安装
				柱高（mm）			
				≤1000	≤1200	≤1300	
单位				10根			$100m^2$
名称			单位	消耗量			
人工	000206000	综合二类工	工日	4.160	4.980	5.411	60.000
材料	081911001	石望柱（成品）	根	10.050	10.050	10.050	—
	800615001	预拌水泥砂浆（综合）	m^3	0.010	0.010	0.010	—
	801103004	素水泥浆	m^3	0.010	0.010	0.036	0.220
	040113002	白色硅酸盐水泥 32.5	kg	15.000	15.000	15.000	33.000
	144101006	云石胶	kg	1.000	1.000	1.000	12.190
	341101001	水	m^3	0.003	0.003	0.003	—
	081715004	石栏板（成品）	m^2	—	—	—	100.500
	850103006	其他材料费（占材料费）	%	—	—	—	2.370
机械	990304002	汽车式起重机 5t	台班	0.020	0.020	0.020	1.280
	990611010	干混砂浆罐式搅拌机	台班	0.002	0.002	0.002	—

工作内容：场内运输、放样、调配砂浆、安装、调整、固定、塞垫嵌缝、清理、勾缝、养护等。　　**计量单位：**见表

编号				2-116	2-117
项目				地伏石安装	抱鼓石安装
单位				100m	$100m^2$
名称			单位	消耗量	
人工	000206000	综合二类工	工日	38.910	82.640
材料	081912001	地伏石（成品）	m	100.500	—
	800615001	预拌水泥砂浆（综合）	m^3	0.600	—
	040113002	白色硅酸盐水泥 32.5	kg	45.000	33.000

续前

编 号				2-116	2-117
项 目				地伏石安装	抱鼓石安装
单 位				100m	$100m^2$
名 称			单位	消 耗 量	
材料	341101001	水	m^3	0.180	—
	081913001	抱鼓石（成品）	m^2	—	100.500
	801103004	素水泥浆	m^3	—	0.220
	144101006	云石胶	kg	—	12.190
	850103006	其他材料费（占材料费）	%	2.650	1.700
机械	990304002	汽车式起重机 5t	台班	3.000	1.280
	990611010	干混砂浆罐式搅拌机	台班	0.100	—

8. 木梁、柱

工作内容：放样、选料、场内运输、截料、划线、起线、凿眼、齐头、安装等。 **计量单位：**$10m^3$

编 号				2-118	2-119	2-120
项 目				木梁、柱		
				截面周长（mm）		
				400 以内	600 以内	600 以外
名 称			单位	消 耗 量		
人工	000206000	综合二类工	工日	59.260	52.640	44.080
材料	051100001	防腐木	m^3	11.340	11.190	11.100
	031501002	不锈钢钉	kg	23.700	23.200	17.100
	850103006	其他材料费（占材料费）	%	1.000	1.000	1.000
机械	990706010	木工圆锯机 500mm	台班	2.380	2.380	2.380

9. 木 龙 骨

工作内容：放样、选料、场内运输、截料、划线、起线、凿眼、找平、安装等。 **计量单位：**$100m^2$

编 号				2-121
项 目				木龙骨
				截面周长 200mm 以内
名 称			单位	消 耗 量
人工	000206000	综合二类工	工日	8.200
材料	051100001	防腐木	m^3	1.570
	031501002	不锈钢钉	kg	4.920
	850103006	其他材料费（占材料费）	%	1.000
机械	990706010	木工圆锯机 500mm	台班	0.494

10. 木 面 板

工作内容：放样、选料、场内运输、截料、刨光、划线、起线、凿眼、找平、安装等。 **计量单位：**见表

编号				2-122	2-123	2-124	2-125
项目				木质面板制作、安装		木台阶制作、安装	木桥挂檐板制作、安装
				板厚 ≤ 40mm	每增厚 ≤ 10mm		
单位				$100m^2$		$100m^2$ 水平投影面积	$100m^2$
名称			单位	消耗量			
人工	000206000	综合二类工	工日	23.311	4.840	37.180	37.440
材料	051100001	防腐木	m^3	4.600	1.150	7.420	3.450
	031501002	不锈钢钉	kg	39.050	—	51.000	6.370
	850103006	其他材料费（占材料费）	%	1.000	—	1.000	1.000
机械	990706010	木工圆锯机 500mm	台班	3.130	—	3.200	2.350

11. 木 栏 板

工作内容：放样、选料、场内运输、截料、划线、起线、凿眼、找平、安装等。 **计量单位：**见表

编号				2-126	2-127
项目				木望柱制作、安装	木栏板制作、安装
单位				$10m^3$	$100m^2$
名称			单位	消耗量	
人工	000206000	综合二类工	工日	67.725	36.469
材料	051100001	防腐木	m^3	10.200	6.100
	031501002	不锈钢钉	kg	6.354	3.800
	850103006	其他材料费（占材料费）	%	1.000	1.000
机械	990706010	木工圆锯机 500mm	台班	2.380	3.130

12. 竹 面 板

工作内容：放样、场内运输、铺设、钉牢、齐头、安装等。 **计量单位：**$100m^2$

编号				2-128
项目				竹面板安装
名称			单位	消耗量
人工	000206000	综合二类工	工日	9.000
材料	053301001	竹面板（成品）	m^2	105.000
	031501002	不锈钢钉	kg	31.240
	850103006	其他材料费（占材料费）	%	0.500

三、树　池

1. 围　牙

工作内容： 放样、开槽、场内运输、调配砂浆、安砌、勾缝、养护、清理等。　　**计量单位：** 100m

编号				2-129	2-130	2-131	2-132
项目				条石围牙	混凝土块围牙	砖砌围牙（立砖）	
						单层	双层
名称			单位	消耗量			
人工	000206000	综合二类工	工日	3.029	2.616	3.347	4.323
材料	041109002	条石	m	102.000	—	—	—
	800615001	预拌水泥砂浆（综合）	m^3	0.030	0.030	0.100	0.450
	341101001	水	m^3	0.009	0.009	0.030	0.135
	041501003	混凝土预制块	m	—	101.000	—	—
	041301003	标准砖 240×115×3	千块	—	—	0.796	1.618
	850103006	其他材料费（占材料费）	%	1.500	1.500	1.500	1.500
机械	990611010	干混砂浆罐式搅拌机	台班	0.005	0.005	0.017	0.075

2. 盖　板

工作内容： 杂物清理、场内运输、铺设、边口固定等。　　**计量单位：** 见表

编号				2-133	2-134	2-135	2-136
项目				盖板安装		填充（厚 100mm）	
				复合材料	铸铁	树皮	卵石
单位				套		$100m^2$	
名称			单位	消耗量			
人工	000206000	综合二类工	工日	0.084	0.090	3.200	3.500
材料	360127002	复合材料树池盖（综合）	套	1.020	—	—	—
	360127001	铸铁树池盖（综合）	套	—	1.000	—	—
	323009002	块状树皮	m^3	—	—	10.000	—
	040503001	卵石	t	—	—	—	18.992

四、台 阶

1. 砌 筑

工作内容：放样、选石、场内运输、调配砂浆、堆砌、塞垫嵌缝、清理、养护等。 **计量单位：**见表

编 号				2-137	2-138	2-139
项 目				料石台阶	山石（自然石）台阶	标准砖台阶
单 位				$100m^2$		$10m^3$
名 称			单位	消 耗 量		
人工	000206000	综合二类工	工日	47.300	62.700	19.959
材料	041107006	料石 厚 150mm	m^2	104.000	—	—
	800615001	预拌水泥砂浆（综合）	m^3	0.600	—	2.142
	800617001	预拌水泥石灰砂浆	m^3	0.300	0.700	—
	341101001	水	m^3	0.270	0.210	1.100
	041123002	山石（自然石） 厚 150mm	m^2	—	104.000	—
	041301003	标准砖 240×115×53	千块	—	—	5.514
机械	990611010	干混砂浆罐式搅拌机	台班	0.150	0.117	0.357

工作内容：1. 场内运输、浇筑、振捣、养护等。
2. 模板制作、安装、拆除、堆放、场内运输及清理模内杂物、刷隔离剂等。 **计量单位：**$100m^2$

编 号				2-140	2-141
项 目				混凝土台阶	混凝土台阶模板
名 称			单位	消 耗 量	
人工	000206000	综合二类工	工日	14.370	13.947
材料	802101009	预拌混凝土（综合）	m^3	14.640	—
	023101001	土工布（综合）	m^2	12.600	—
	020901001	塑料薄膜	m^2	66.260	—
	341103001	电	kW·h	4.620	—
	341101001	水	m^3	1.390	—
	350123002	复合模板	m^2	—	45.085
	050401003	板枋材	m^3	—	0.722
	350323001	木支撑	m^3	—	0.637
	144303020	塑料粘胶带 20mm×50m	卷	—	4.500
	031501008	圆钉（综合）	kg	—	1.838
	143531001	隔离剂	kg	—	10.000
机械	990706010	木工圆锯机 500mm	台班	—	0.184

2. 装　饰

工作内容： 1. 清理基层、场内运输、调配砂浆、铺设面层等。
2. 清理基层、场内运输、调配砂浆、试排弹线、锯板修边、铺抹结合层、铺贴饰面、清理净面等。

计量单位： 100m²

编号				2-142	2-143	2-144	2-145
项目				水泥砂浆抹面		石材贴面	
				20mm	每增减 1mm	直形	弧形
名称			单位	消耗量			
人工	000206000	综合二类工	工日	13.184	0.337	35.999	41.399
材料	800615001	预拌水泥砂浆（综合）	m³	3.019	0.151	2.960	4.228
	144115007	胶粘剂 DTA 砂浆	m³	0.153	—	0.150	0.150
	341101001	水	m³	5.300	0.045	4.742	5.388
	080100003	石质板材	m²	—	—	144.690	219.664
	040113004	白水泥	kg	—	—	15.096	21.137
	340909001	锯木屑	m³	—	—	0.888	1.243
	022701001	棉纱	kg	—	—	1.480	2.072
	031541007	石料切割锯片	片	—	—	2.240	3.140
	341103001	电	kW·h	—	—	40.380	56.520
机械	990611010	干混砂浆罐式搅拌机	台班	0.503	0.025	0.493	0.705

工作内容： 1. 清理基层、场内运输、调配砂浆、铺设面层试排弹线、锯板修边、铺抹结合层、铺贴饰面、清理净面等。
2. 清理基层、场内运输、调配砂浆、铺设面层、剁斧等。

计量单位： 100m²

编号				2-146	2-147
项目				陶瓷砖贴面	剁假石
名称			单位	消耗量	
人工	000206000	综合二类工	工日	33.351	65.030
材料	070500001	陶瓷地砖（综合）	m²	144.690	—
	800615001	预拌水泥砂浆（综合）	m³	2.990	1.387
	144115007	胶粘剂 DTA 砂浆	m³	0.150	0.151
	040113004	白水泥	kg	15.500	—

续前

编号				2-146	2-147
项目				陶瓷砖贴面	剁假石
名称			单位	消耗量	
材料	031541007	石料切割锯片	片	1.400	1.680
	340909001	锯木屑	m^3	0.890	0.888
	022701001	棉纱	kg	1.480	1.480
	341101001	水	m^3	4.797	0.945
	341103001	电	kW · h	11.400	—
	801301001	水泥白石子浆	m^3	—	1.153
机械	990611010	干混砂浆罐式搅拌机	台班	0.520	0.231

五、驳岸、护岸

工作内容： 1. 制作木桩、场内运输、定位、校正、打桩、锯桩头等。
2. 放样，选石、场内运输，调运砂浆，固定等。

计量单位： 见表

编号				2-148	2-149
项目				原木桩驳岸	自然式驳岸
单位				$10m^3$	t
名称			单位	消耗量	
人工	000206000	综合二类工	工日	40.320	1.489
材料	333101003	木桩	m^3	10.800	—
	080100001	自然石	t	—	1.020
	800615001	预拌水泥砂浆（综合）	m^3	—	0.054
	341101001	水	m^3	—	0.016
	850103006	其他材料费（占材料费）	%	1.000	—
机械	990611010	干混砂浆罐式搅拌机	台班	—	0.009
	990304004	汽车式起重机 8t	台班	—	0.020

工作内容： 1. 选石、场内运输，调配砂浆，定位，堆砌，塞垫嵌缝，清理，养护等。
2. 选石、场内运输，定位，堆砌，塞垫嵌缝，清理，养护等。　　**计量单位：** t

编号				2-150	2-151
项目				自然式护岸（浆铺）	自然式护岸（干铺）
名称			单位	消耗量	
人工	000206000	综合二类工	工日	1.420	1.029
材料	080100001	自然石	t	1.040	1.040
	800615001	预拌水泥砂浆（综合）	m^3	0.054	—
	341101001	水	m^3	0.016	—
机械	990611010	干混砂浆罐式搅拌机	台班	0.009	—
	990304002	汽车式起重机 5t	台班	0.020	0.020

工作内容： 1. 选石、场内运输、调配砂浆、固定等。
2. 选石、场内运输、固定等。
3. 修整边坡、场内运输、铺砂、安装固定框格等。
4. 修整边坡、场内运输、安放等。　　**计量单位：** 见表

编号				2-152	2-153	2-154	2-155
项目				池底散铺卵石		预制混凝土框格护岸	生态袋护岸
				浆铺	干铺		
单位				t		$100m^2$	$10m^3$
名称			单位	消耗量			
人工	000206000	综合二类工	工日	0.850	0.278	22.900	6.660
材料	040503001	卵石	t	1.020	1.020	—	—
	800615001	预拌水泥砂浆（综合）	m^3	0.054	—	—	—
	341101001	水	m^3	0.016	—	—	—
	043121007	预制混凝土框格	m^2	—	—	105.000	—
	040305002	粗砂	m^3	—	—	11.700	—
	021901004	生态袋（成品） 810×430	条	—	—	—	250.000
机械	990611010	干混砂浆罐式搅拌机	台班	0.009	—	—	—

第三章

园林景观工程

说　　明

一、本章包括堆砌土山丘，堆砌假山，景石，塑假山，园林小品装饰，栏杆，园林桌椅凳和其他杂项共八部分。

二、堆砌土山丘指坡顶与坡底高差 > 1.0m 且坡度 > 30%的土坡堆砌。

三、堆砌假山：

1. 假山项目按露天、地坪上施工考虑。

2. 人造湖石峰、人造山石峰指将若干湖石或山石辅以条石或钢筋混凝土预制板。用水泥砂浆、细石混凝土和铁件堆砌，形成石峰造型的一种假山。在假山顶部突出的石块，不执行人造独立峰项目。

四、景石指天然独块的景石布置。

五、塑假山：

1. 塑假山未考虑模型制作费。塑砖骨架假山项目已包括砖骨架，如设计要求做部分钢筋混凝土骨架或其他材料骨架时，按比例进行换算，套用相应的项目。

2. 塑钢骨架假山的钢骨架制作及安装项目未包括表面喷漆，如设计要求表面喷漆，应另行计算。

六、堆砌假山、塑假山项目不包括基础。假山与基础的划分：地面以上按假山计算。地面以下按基础计算，基础执行《陕西省房屋建筑与装饰工程消耗量定额（2025）》相应项目。

七、园林小品装饰项目均已考虑面层或表层的装饰抹灰和基层抹灰，骨架制作执行相应项目。

八、栏杆、桌椅凳及杂项：

1. 混凝土栏杆、金属栏杆、塑料栏杆、金属围网等按成品考虑。

2. 园林石桌石凳以一桌四凳为一套，长条形石凳一套包括凳面、凳脚；园林桌椅凳等按成品考虑。

3. 钢网围墙中的型钢立柱执行《陕西省房屋建筑与装饰工程消耗量定额（2025）》相应项目。

4. 石球、石灯笼、仿石音箱、石花盆、垃圾桶等按成品考虑。

九、本章项目不包含园建材料的二次转运和超运距搬运，实际发生时执行本定额第七章相应项目。

十、本章项目不包含脚手架搭拆费用，实际发生时执行本定额第七章相应项目。

工程量计算规则

一、堆砌土山丘按设计图示土山的水平投影外接矩形面积乘以高度的 1/3，以体积计算。

二、堆砌假山：

1. 堆砌假山的工程量按实际使用石料的质量计算有以下两种计算方式：

$$W_{质} = R \times A_{矩} \times H_{大} \times K_{n} \quad (1)$$

式中：$A_{矩}$——假山不规则平面轮廓的水平投影最大外接矩形面积；

$H_{大}$——假山石着地点至最高点的垂直距离；

R——石料容重（石料为湖石时，R为 2.2；其他石料按实调整；t/m^3）；

K_n——实体折减系数，其取定值如下表所示。

实体折减系数表

序号	$H_{大}$	K_n
1	≤ 1m	0.77
2	$1m < H_{大} \leqslant 3m$	0.653
3	> 3m	0.6

$$堆砌假山工程量(t) = 假山石料进场验收数量(t) - 进场假山石料剩余数量(t) \quad (2)$$

2. 石峰按石料体积（取其长、宽、高的平均值）乘以石料容重（湖石：$2.2t/m^3$，其他石料按实调整）以质量计算。

三、景石工程量计算公式与石峰工程量计算公式一致。

四、塑假山：

1. 塑假山工程量以外围展开面积计算。
2. 塑假山钢骨架制作及安装按设计图示尺寸乘以单位理论质量计算。

五、园林小品装饰：

1. 塑树皮按展开面积计算。
2. 塑树根、竹、藤条按延长米计算。
3. 砖石砌小摆设按设计图示尺寸以体积计算。
4. 砖石砌小摆设抹灰面积按设计图示尺寸以面积计算。

六、栏杆、桌椅凳及杂项：

1. 混凝土栏杆、金属栏杆按设计图示尺寸以延长米计算。
2. 塑料栏杆按设计图示尺寸以面积计算。
3. 条椅凳按图示尺寸以延长米计算。
4. 整石座凳按设计图示尺寸以体积计算。
5. 花瓦什锦窗按设计图示尺寸以窗框外围面积计算。
6. 钢网围墙安装按设计图示尺寸以面积计算。
7. 石球、石灯笼、仿石音箱、石花盆及垃圾桶按数量计算。

一、堆砌土山丘

工作内容： 取土、场内运输、堆筑、夯实、人工修整等。　　**计量单位：** $10m^3$

编号				3-1	3-2
项目				人工堆土山丘	机械堆土山丘
名称			单位	消耗量	
人工	000106000	综合一类工	工日	2.131	0.151
材料	040901001	土	m^3	11.000	11.000
	341101001	水	m^3	0.155	0.155
机械	990409020	洒水车 4000L	台班	—	0.025
	990101025	履带式推土机 105kW	台班	—	0.070
	990106100	履带式反铲单斗液压挖掘机 $0.6m^3$	台班	—	0.040

注：就地取土时，取消土的消耗量。

二、堆 砌 假 山

工作内容： 放样、选石、场内运输、吊装、调配砂浆、堆砌、塞垫嵌缝、清理、养护等。　　**计量单位：** t

编号				3-3	3-4	3-5	3-6	3-7
项目				堆砌湖石假山				
				高度（m）				
				≤1	≤2	≤3	≤4	每增加 1
名称			单位	消耗量				
人工	000106000	综合一类工	工日	1.760	2.240	3.040	3.440	0.400
材料	041123004	湖石	t	1.000	1.000	1.000	1.000	—
	802101009	预拌混凝土（综合）	m^3	0.060	0.080	0.080	0.100	—
	800615001	预拌水泥砂浆（综合）	m^3	0.040	0.050	0.050	0.050	—
	341101001	水	m^3	0.170	0.170	0.170	0.250	—
	031509001	铁件（综合）	kg	—	5.000	10.000	15.000	5.000
	041109001	条石	m^3	0.100	0.100	0.110	0.160	0.010
	850103006	其他材料费（占材料费）	%	1.500	1.500	1.500	1.500	—
机械	990611010	干混砂浆罐式搅拌机	台班	0.017	0.022	0.022	0.025	—
	990304012	汽车式起重机 12t	台班	0.076	0.084	0.118	0.129	0.020

工作内容： 放样、选石、场内运输、吊装、调配砂浆、塞垫嵌缝、清理、养护等。　　**计量单位：** t

编号				3-8	3-9	3-10
项目				人造湖石峰		整块湖石峰
				高度（m）		
				≤3	≤4	≤5
名称			单位	消耗量		
人工	000106000	综合一类工	工日	6.100	7.685	5.189
材料	041123004	湖石	t	1.000	1.000	0.250
	802101009	预拌混凝土（综合）	m^3	0.150	0.150	0.100
	800615001	预拌水泥砂浆（综合）	m^3	0.050	0.050	0.030
	031509001	铁件（综合）	kg	10.000	15.000	—
	041107001	块石	m^3	0.100	0.100	—
	341101001	水	m^3	0.250	0.250	0.170
	322305002	整块湖石峰	t	—	—	1.000
	850103006	其他材料费（占材料费）	%	1.500	1.500	1.500
机械	990611010	干混砂浆罐式搅拌机	台班	0.033	0.033	0.022
	990304012	汽车式起重机 12t	台班	0.178	0.188	0.224

工作内容： 放样、选石、场内运输、吊装、调配砂浆、堆砌、塞垫嵌缝、清理、养护等。　　**计量单位：** t

编号				3-11	3-12	3-13	3-14	3-15
项目				堆砌山石假山				
				高度（m）				
				≤1	≤2	≤3	≤4	每增加 1
名称			单位	消耗量				
人工	000106000	综合一类工	工日	1.800	2.951	3.151	3.600	0.340
材料	041123001	山石	t	1.000	1.000	1.000	1.000	—
	802101009	预拌混凝土（综合）	m^3	0.060	0.080	0.080	0.100	—
	800615001	预拌水泥砂浆（综合）	m^3	0.040	0.050	0.050	0.050	—
	341101001	水	m^3	0.170	0.170	0.170	0.250	—
	031509001	铁件（综合）	kg	—	5.000	10.000	15.000	5.000
	041107001	块石	m^3	—	—	0.050	0.100	0.010
	850103006	其他材料费（占材料费）	%	1.500	1.500	1.500	1.500	—
机械	990611010	干混砂浆罐式搅拌机	台班	0.017	0.022	0.022	0.025	—
	990304012	汽车式起重机 12t	台班	0.076	0.084	0.118	0.141	0.020

工作内容：放样、选石、场内运输、吊装、调配砂浆、塞垫嵌缝、清理、养护等。　　**计量单位**：t

编　号				3-16	3-17	3-18
项　目				人造山石峰		
				高度（m）		
				≤2	≤3	≤4
名　称			单位	消　耗　量		
人工	000106000	综合一类工	工日	3.391	6.000	7.571
材料	041123001	山石	t	1.000	1.000	1.000
	802101009	预拌混凝土（综合）	m^3	0.080	0.080	0.080
	800615001	预拌水泥砂浆（综合）	m^3	0.050	0.050	0.050
	031509001	铁件（综合）	kg	5.000	10.000	15.000
	341101001	水	m^3	0.250	0.250	0.250
	041107001	块石	m^3	—	0.100	0.100
	850103006	其他材料费（占材料费）	%	1.500	1.500	1.500
机械	990611010	干混砂浆罐式搅拌机	台班	0.022	0.022	0.022
	990304012	汽车式起重机 12t	台班	0.084	0.129	0.139

三、景　　石

工作内容：放样、选石、场内运输、吊装、调配砂浆、固定、清理、养护等。　　**计量单位**：t

编　号				3-19	3-20	3-21	3-22
项　目				土山点石			布置景石（t）
				高度（m）			≤1
				≤2	≤3	≤4	
名　称			单位	消　耗　量			
人工	000106000	综合一类工	工日	1.375	1.925	2.200	1.617
材料	322305001	景石	t	1.000	1.000	1.000	1.000
	800615001	预拌水泥砂浆（综合）	m^3	0.010	0.010	0.010	0.040
	341101001	水	m^3	0.003	0.003	0.003	0.024
	802101009	预拌混凝土（综合）	m^3	—	—	—	0.040
	031509001	铁件（综合）	kg	—	—	—	3.000
	850103006	其他材料费（占材料费）	%	1.500	1.500	1.500	1.500
机械	990611010	干混砂浆罐式搅拌机	台班	0.002	0.002	0.002	0.013
	990304004	汽车式起重机 8t	台班	0.108	—	—	0.151
	990304012	汽车式起重机 12t	台班	—	0.151	0.173	—

工作内容：放样、选石、场内运输、吊装、调配砂浆、固定、清理、养护等。　　**计量单位：**t

编　号				3-23	3-24	3-25
项　目				布置景石（t）		
				≤5	≤10	>10
名　称			单位	消　耗　量		
人工	000106000	综合一类工	工日	1.369	1.283	1.200
材料	322305001	景石	t	1.000	1.000	1.000
	800615001	预拌水泥砂浆（综合）	m^3	0.050	0.050	0.050
	802101009	预拌混凝土（综合）	m^3	0.050	0.050	0.050
	031509001	铁件（综合）	kg	5.000	8.000	10.000
	341101001	水	m^3	0.030	0.030	0.030
	850103006	其他材料费（占材料费）	%	1.500	1.500	1.500
机械	990611010	干混砂浆罐式搅拌机	台班	0.013	0.013	0.013
	990304012	汽车式起重机 12t	台班	0.242	—	—
	990304020	汽车式起重机 20t	台班	—	0.270	0.295

四、塑　假　山

工作内容：放样、划线、场内运输、调配砂浆、砌骨架、堆筑成型、制纹理等。　　**计量单位：**$100m^2$

编　号				3-26	3-27	3-28	3-29
项　目				砖骨架塑假山			
				高度（m）			
				≤2.5	≤6	≤10	>10
名　称			单位	消　耗　量			
人工	000106000	综合一类工	工日	112.510	125.710	139.710	152.510
材料	800615001	预拌水泥砂浆（综合）	m^3	9.200	12.000	15.600	17.500
	802101009	预拌混凝土（综合）	m^3	3.900	4.100	4.100	4.100
	041301003	标准砖 240×115×53	千块	15.400	23.100	27.400	31.500
	042705001	预制钢筋混凝土板	m^3	1.100	1.200	1.800	1.800
	341101001	水	m^3	6.000	6.540	7.140	9.000
	850103006	其他材料费（占材料费）	%	1.500	1.500	1.500	1.500
机械	990611010	干混砂浆罐式搅拌机	台班	3.320	3.630	4.130	4.450
	990304012	汽车式起重机 12t	台班	0.890	1.300	1.800	2.000

工作内容： 1. 放样、划线、场内运输、钢骨架焊接、安装等。
2. 放样、划线、场内运输、挂钢网、塑型、制纹理等。　　**计量单位：** 见表

编　　号				3-30	3-31
项　　目				塑假山钢骨架制作、安装	钢骨架钢网塑假山
单　　位				t	$100m^2$
名　　称			单位	消　耗　量	
人工	000106000	综合一类工	工日	16.056	115.850
材料	012100002	角钢（综合）	kg	848.000	—
	012900008	钢板 δ0.7～0.9	kg	212.000	—
	050401003	板枋材	m^3	0.033	—
	031301011	电焊条（综合）	kg	38.400	13.100
	031509005	垫铁	kg	5.020	—
	130505001	防锈漆	kg	11.600	—
	800615001	预拌水泥砂浆（综合）	m^3	—	5.200
	031505014	钢丝网（综合）	m^2	—	107.500
	010100007	钢筋 ϕ10 以内	kg	—	700.000
	341101001	水	m^3	—	1.500
	850103006	其他材料费（占材料费）	%	1.500	1.500
机械	990904050	直流弧焊机 40kV · A	台班	7.680	2.620
	990304012	汽车式起重机 12t	台班	0.250	2.200
	990749010	型钢剪断机 500mm	台班	0.090	—
	990611010	干混砂浆罐式搅拌机	台班	—	0.867

五、园林小品装饰

工作内容： 场内运输、调配砂浆、找平、缠麻布丝、塑面层、着色、清理养护等。　　**计量单位：** $100m^2$

编　　号				3-32
项　　目				塑松（杉）树皮
名　　称			单位	消　耗　量
人工	000206000	综合二类工	工日	227.450
材料	800615001	预拌水泥砂浆（综合）	m^3	2.500
	800613001	预拌混合砂浆（综合）	m^3	0.800
	142300001	颜料	kg	60.000
	341101001	水	m^3	1.000
	850103006	其他材料费（占材料费）	%	1.500
机械	990611010	干混砂浆罐式搅拌机	台班	0.550

工作内容：场内运输、钢筋制作、绑扎、安装、调配砂浆、底面层抹灰、塑型等。　　　　**计量单位：**10m

编号				3-33	3-34	3-35	3-36
项目				塑松树根		塑竹	
				直径（mm）			
				≤150	>150	≤100	>100
名称			单位	消耗量			
人工	000206000	综合二类工	工日	5.806	7.355	6.580	8.666
材料	800615001	预拌水泥砂浆（综合）	m^3	0.120	0.300	0.080	0.160
	801103004	素水泥浆	m^3	0.050	0.080	—	—
	010100003	钢筋（综合）	t	0.011	0.031	—	—
	031505014	钢丝网（综合）	m^2	4.980	8.290	—	—
	031507020	镀锌铁丝 ϕ0.7	kg	0.950	1.200	0.800	1.000
	142300001	颜料	kg	3.000	4.500	—	—
	341101001	水	m^3	0.070	0.120	0.030	0.060
	801103001	白水泥浆	m^3	—	—	0.020	0.030
	012101017	角钢 50×5	t	—	—	0.039	0.080
	311713001	氧化铁红	kg	—	—	0.060	0.090
	040927001	黄丹粉	kg	—	—	0.300	0.450
	850103006	其他材料费（占材料费）	%	1.500	1.500	1.500	1.500
机械	990611010	干混砂浆罐式搅拌机	台班	0.028	0.063	0.017	0.032

工作内容：场内运输、钢筋制作、绑扎、安装、调配砂浆、底面层抹灰、塑型等。　　　　**计量单位：**10m

编号				3-37	3-38	3-39	3-40
项目				塑藤条			
				直径（mm）			
				≤30	≤60	≤100	>100 每增加 30
名称			单位	消耗量			
人工	000206000	综合二类工	工日	1.811	3.620	5.951	1.606
材料	800615001	预拌水泥砂浆（综合）	m^3	0.010	0.019	0.028	0.015
	801103004	素水泥浆	m^3	0.003	0.006	0.009	0.005
	801103006	素白水泥浆	m^3	0.002	0.004	0.006	0.003
	010100006	钢筋 ϕ10 以内	t	0.005	0.009	0.018	0.007
	031507022	镀锌铁丝 ϕ1.2	kg	0.600	1.010	1.510	0.730
	142311001	色粉	kg	0.300	0.590	0.980	0.450
	311707001	精梳麻	kg	0.300	0.600	1.990	0.350

续前

编　　号				3-37	3-38	3-39	3-40
项　　目				塑藤条			
				直径（mm）			
				≤ 30	≤ 60	≤ 100	> 100 每增加 30
名　　称			单位	消　耗　量			
材料	144115001	107 胶	kg	0.400	0.620	0.940	0.450
	341101001	水	m^3	0.005	0.011	0.013	0.007
	850103006	其他材料费（占材料费）	%	1.500	1.500	1.500	1.500
机械	990611010	干混砂浆罐式搅拌机	台班	0.003	0.005	0.007	0.004

工作内容： 1. 场内运输、调配砂浆、砌砖等。
2. 场内运输、清理底层、调配砂浆、抹灰、压光等。　　**计量单位：** 见表

编　　号				3-41	3-42
项　　目				砖砌园林小摆设	砖砌园林小摆设抹面
单　　位				$10m^3$	$100m^2$
名　　称			单位	消　耗　量	
人工	000206000	综合二类工	工日	21.850	41.860
材料	041301003	标准砖 240 × 115 × 53	千块	5.510	—
	010100003	钢筋（综合）	t	0.400	—
	800615001	预拌水泥砂浆（综合）	m^3	2.460	2.260
	341101001	水	m^3	0.740	1.020
机械	990611010	干混砂浆罐式搅拌机	台班	0.410	0.570

六、栏　　杆

工作内容： 预制栏杆成品堆放、场内运输、加固、安装、校正、焊接固定等。　　**计量单位：** 10m

编　　号				3-43	3-44	3-45
项　　目				混凝土栏杆安装		
				高度（mm 以内）		
				500	800	1200
名　　称			单位	消　耗　量		
人工	000206000	综合二类工	工日	1.925	2.120	2.310

续前

编号				3-43	3-44	3-45
项目				混凝土栏杆安装		
				高度（mm 以内）		
				500	800	1200
名称			单位	消耗量		
材料	043121001	预制混凝土栏杆	m	10.500	10.500	10.500
	802101009	预拌混凝土（综合）	m^3	0.225	0.225	0.225

工作内容：场内运输、放样、定位、安装、校正等。 **计量单位：**见表

编号				3-46	3-47
项目				金属栏杆安装	塑料栏杆安装
单位				10m	$100m^2$
名称			单位	消耗量	
人工	000206000	综合二类工	工日	1.900	17.600
材料	122109001	金属栏杆（成品）	m	10.500	—
	802101009	预拌混凝土（综合）	m^3	0.223	—
	031301011	电焊条（综合）	kg	0.025	—
	122113001	塑料栏杆（成品）	m^2	—	105.000
	850103006	其他材料费（占材料费）	%	—	1.700
机械	990901018	交流弧焊机 30kV · A	台班	0.008	—

七、园林桌椅凳

工作内容：场内运输、安装、调整、固定等。 **计量单位：**见表

编号				3-48	3-49	3-50	3-51
项目				石质、混凝土条椅（凳）安装		石质、混凝土桌凳安装	木条椅（凳）安装
				有靠背	无靠背	一桌四凳	有靠背
单位				10m		套	10m
名称			单位	消耗量			
人工	000206000	综合二类工	工日	0.260	0.217	0.125	0.400
材料	081717002	条椅凳（成品）	m	10.000	10.000	—	—

续前

编号				3-48	3-49	3-50	3-51
项目				石质、混凝土条椅（凳）安装		石质、混凝土桌凳安装	木条椅（凳）安装
				有靠背	无靠背	一桌四凳	有靠背
单位				10m		套	10m
名称			单位	消耗量			
材料	800615001	预拌水泥砂浆（综合）	m^3	0.036	0.022	0.106	—
	341101001	水	m^3	0.011	0.006	0.032	—
	323011001	桌凳（成品）	套	—	—	1.000	—
	052515001	木条椅凳（成品）	m	—	—	—	10.000
	850103006	其他材料费（占材料费）	%	2.000	2.000	2.000	2.000
机械	990611010	干混砂浆罐式搅拌机	台班	0.009	0.005	0.027	—

工作内容：场内运输、安装、调整、固定等。　　　　**计量单位：**10m

编号				3-52	3-53	3-54
项目				木条椅（凳）安装	铸铁条椅（凳）安装	
				无靠背	有靠背	无靠背
名称			单位	消耗量		
人工	000206000	综合二类工	工日	0.320	0.476	0.381
材料	052515001	木条椅凳（成品）	m	10.000	—	—
	330511001	铸铁椅凳（成品）	m	—	10.000	10.000
	850103006	其他材料费（占材料费）	%	2.000	2.000	2.000

工作内容：场内运输、吊装、安装、调整、固定等。　　　　**计量单位：**$10m^3$

编号				3-55
项目				整石座凳安装
名称			单位	消耗量
人工	000206000	综合二类工	工日	7.934
材料	081702001	整石座凳（成品）	m^3	10.000
	800615001	预拌水泥砂浆（综合）	m^3	2.790
	341101001	水	m^3	0.840
	850103006	其他材料费（占材料费）	%	1.500
机械	990304002	汽车式起重机 5t	台班	4.000

八、其 他 杂 项

工作内容： 1. 场内运输、调配砂浆及剁纸灰、镶砖边、抹纸盘灰等。
2. 场内运输、浇筑基础、回填、安装、钢筋加固绑扎等。 **计量单位：** $100m^2$

编 号				3-56	3-57
项 目				花瓦什锦窗	钢网围墙安装
名 称			单位	消 耗 量	
人工	000206000	综合二类工	工日	66.610	8.000
材料	041301003	标准砖 240×115×53	千块	4.380	—
	311105002	小青瓦盖瓦 160×160×11	千块	8.710	—
	800615001	预拌水泥砂浆（综合）	m^3	8.000	—
	800617001	预拌水泥石灰砂浆	m^3	11.300	—
	800303001	石灰纸筋浆	m^3	0.400	—
	341101001	水	m^3	5.790	—
	031505014	钢丝网（综合）	m^2	—	110.000
	802101009	预拌混凝土（综合）	m^3	—	1.000
	010100007	钢筋 ϕ10 以内	kg	—	60.000
	010100010	钢筋 ϕ10 以外	kg	—	90.000
	850103006	其他材料费（占材料费）	%	2.000	—
机械	990611010	干混砂浆罐式搅拌机	台班	1.790	—

工作内容： 挖基坑、铺碎石垫层、混凝土基础浇捣、场内运输、调配砂浆、安装、校正、修面等。 **计量单位：** 10 个

编 号				3-58	3-59
项 目				石球安装	
				直径（mm）	
				≤400	>400
名 称			单位	消 耗 量	
人工	000206000	综合二类工	工日	3.678	5.271
材料	081907001	石球（成品）	个	10.200	10.200
	802101009	预拌混凝土（综合）	m^3	0.072	0.123
	800615001	预拌水泥砂浆（综合）	m^3	0.022	0.037

续前

编号				3-58	3-59
项目				石球安装	
				直径（mm）	
				≤400	>400
名称			单位	消耗量	
材料	040501002	碎石（综合）	m^3	0.130	0.205
	341101001	水	m^3	0.006	0.011
	850103006	其他材料费（占材料费）	%	1.000	1.000
机械	990611010	干混砂浆罐式搅拌机	台班	0.005	0.006

工作内容：挖基坑、铺碎石垫层、混凝土基础浇捣、场内运输、调配砂浆、安装、校正、修面等。

计量单位：10个

编号				3-60	3-61	3-62
项目				石灯笼安装		
				300×300×550以内	400×400×650以内	400×400×650以上
名称			单位	消耗量		
人工	000206000	综合二类工	工日	3.650	4.180	5.083
材料	081909001	石灯笼（成品）	个	10.200	10.200	10.200
	802101009	预拌混凝土（综合）	m^3	0.123	0.160	0.203
	800615001	预拌水泥砂浆（综合）	m^3	0.037	0.048	0.061
	040501002	碎石（综合）	m^3	0.130	0.205	0.253
	341101001	水	m^3	0.011	0.014	0.018
	850103006	其他材料费（占材料费）	%	1.000	1.000	1.000
机械	990611010	干混砂浆罐式搅拌机	台班	0.006	0.008	0.010

工作内容：挖基坑、铺碎石垫层、混凝土基础浇捣、场内运输、调配砂浆、安装、校正、修面等。

计量单位：10个

编号				3-63	3-64	3-65
项目				仿石音箱安装		
				250×250×350以内	300×300×450以内	300×300×450以上
名称			单位	消耗量		
人工	000206000	综合二类工	工日	3.022	3.273	3.917
材料	802101009	预拌混凝土（综合）	m^3	0.050	0.070	0.130
	800615001	预拌水泥砂浆（综合）	m^3	0.020	0.030	0.050
	040501002	碎石（综合）	m^3	0.036	0.048	0.064

续前

编号				3-63	3-64	3-65
项目				仿石音箱安装		
				250×250×350以内	300×300×450以内	300×300×450以上
名称			单位	消耗量		
材料	341101001	水	m^3	0.006	0.009	0.015
	081708001	仿石音箱（成品）	个	10.200	10.200	10.200
	850103006	其他材料费（占材料费）	%	1.000	1.000	1.000
机械	990611010	干混砂浆罐式搅拌机	台班	0.003	0.005	0.008

工作内容：挖基坑、铺碎石垫层、混凝土基础浇捣、场内运输、调配砂浆、安装、校正、修面等。

计量单位：10个

编号				3-66	3-67
项目				石花盆安装	
				直径（mm）	
				≤900	≤1200
名称			单位	消耗量	
人工	000206000	综合二类工	工日	6.741	9.684
材料	323001001	石花盆（成品）	个	10.200	10.200
	802101009	预拌混凝土（综合）	m^3	0.250	0.360
	800615001	预拌水泥砂浆（综合）	m^3	0.075	0.108
	040501002	碎石（综合）	m^3	0.365	0.500
	341101001	水	m^3	0.023	0.032
	850103006	其他材料费（占材料费）	%	1.000	1.000
机械	990304002	汽车式起重机 5t	台班	1.320	2.400
	990611010	干混砂浆罐式搅拌机	台班	0.013	0.018

工作内容：1. 场内运输、定位、校正、安装、螺栓固定、砂浆加固、清扫等。
2. 场内运输、定位、安置等。

计量单位：个

编号				3-68	3-69
项目				垃圾桶安装	垃圾桶安置
名称			单位	消耗量	
人工	000206000	综合二类工	工日	0.120	0.024
材料	334103001	垃圾桶（成品）	个	1.000	1.000
	850103006	其他材料费（占材料费）	%	2.000	—

第四章

屋面工程

说　明

一、本章包括景观屋面、屋顶花园基底处理共两部分。

二、景观屋面：

1. 稻草屋面按麦草屋面项目执行，草屋面设计厚度不同时，材料消耗量可以换算。竹屋面、树皮屋面、木屋面项目不包括柱、梁、檩、桷的制作、安装及屋面防水，发生时执行《陕西省房屋建筑与装饰工程消耗量定额》相应项目。

2. 瓦屋面项目中瓦的规格尺寸与设计不同时，可以换算。25% < 坡度 ≤ 45%及人字形、锯齿形、弧形等不规则瓦屋面，人工乘以系数 1.3；坡度 > 45%时，人工乘以系数 1.43。单个屋面面积 ≤ $8m^2$ 时，人工乘以系数 1.3。

3. 椽子上铺设小青瓦，基层执行《陕西省房屋建筑与装饰工程消耗量定额（2025）》相应项目。

4. 混凝土亭廊屋面项目未设置的基础、梁、柱等执行《陕西省房屋建筑与装饰工程消耗量定额（2025）》相应项目。

三、屋顶花园基底处理：

1. 屋顶花园基底处理发生材料二次搬运、超运距搬运时，执行本定额第七章相应项目。

2. 屋顶花园基底处理中设计采用耐根穿刺防水卷材时，执行《陕西省绿色建筑工程消耗量定额（2025）》相应项目。

四、屋面排水、屋面防水执行《陕西省房屋建筑与装饰工程消耗量定额（2025）》相应项目。

五、景观屋面的保温等工程可执行《陕西省房屋建筑与装饰工程消耗量定额（2025）》相应项目。

工程量计算规则

一、景观屋面：

1. 草屋面按设计图示尺寸以斜面计算。

2. 竹屋面按设计图示尺寸以实铺面积计算（不包括柱、梁）。

3. 树皮屋面按设计图示尺寸以屋面结构外围面积计算。

4. 混凝土不带椽屋面板、带椽屋面板、带椽戗翼板（爪角板）、老仔（角）梁工程量按设计图示尺寸以体积计算。

5. 现浇混凝土不带椽屋面板、带椽屋面板、带椽戗翼板（爪角板）、老仔（角）梁模板除另有规定外，按模板与混凝土的接触面积计算。

6. 现浇混凝土亭廊屋面钢筋工程按设计图示钢筋长度乘以单位理论质量计算；钢筋的搭接长度应按设计图示及规范要求计算；设计图示及规范要求未标明搭接长度的，不另计算搭接长度；钢筋的搭接（接头）数量按设计图示及规范要求计算；设计图示及规范要求未标明的，按以下规定计算：$\phi10$ 以内的长钢筋按每 12m 计算一个钢筋搭接（接头），$\phi10$ 以上的长钢筋按每 9m 计算一个钢筋搭接（接头）。

7. 彩钢板、玻璃采光顶屋面按设计图示尺寸以面积计算；不扣除面积 $\leqslant 0.3m^2$ 孔洞所占面积。

二、屋顶花园基底处理：

1. 屋面清理、砂浆找平层、保护层、土工布过滤层、保湿毯按设计图示尺寸以面积计算。

2. 滤水层回填陶粒、卵石、轻质土壤，按实铺面积乘以平均厚度以体积计算。

3. 软式透水管以延长米计算。

一、景观屋面

1. 草　屋　面

工作内容： 整理、选料、放样、选草、场内运输、安放竹檩、铺草、毛竹夹草等。　　**计量单位：** 100m²

编　　号				4-1	4-2	4-3
项　　目				草屋面（mm）		
				麦草厚 200	山草厚 150	丝茅草厚 150
名　　称			单位	消　耗　量		
人工	000206000	综合二类工	工日	185.400	197.800	185.400
材料	320701003	麦草	kg	5000.000	—	—
	053101001	毛竹	根	236.000	236.000	236.000
	053501002	棚箅	kg	150.000	150.000	150.000
	053501001	竹箅	kg	13.000	15.000	15.000
	053103001	南竹檩 ϕ80～100	根	118.000	118.000	118.000
	320705001	山草	kg	—	4000.000	—
	320707001	丝茅草	kg	—	—	4000.000

2. 竹　屋　面

工作内容： 选料、放样、划线、砍节子、截料、开榫、场内运输、就位、安装校正等。　　**计量单位：** 100m²

编　　号				4-4	4-5	4-6
项　　目				竹屋面		
				檐口直径（cm）		
				5～8	8～10	10 以上
名　　称			单位	消　耗　量		
人工	000206000	综合二类工	工日	13.000	13.000	11.000
材料	053101003	竹杆　直径 5～8cm	m	1430.000	—	—
	031507010	镀锌铁丝 ϕ0.7～1.2	kg	100.000	100.000	100.000
	053101004	竹杆　直径 8～10cm	m	—	1100.000	—
	053101002	竹杆　直径 10cm 以上	m	—	—	990.000
机械	990706010	木工圆锯机　500mm	台班	0.600	0.600	0.600

3. 树皮屋面

工作内容：整理、选料、放样、选树皮、场内运输、铺树皮等。　　**计量单位：**$100m^2$

编号				4-7
项目				树皮屋面
名称			单位	消耗量
人工	000206000	综合二类工	工日	65.710
材料	323009001	树皮	m^2	126.000
	050401009	板枋材松杂	m^3	1.410
	031501008	圆钉（综合）	kg	2.000
	311713001	氧化铁红	kg	21.000
	144115001	107 胶	kg	21.000

4. 瓦屋面

工作内容：1. 固定钉固定、粘结铺瓦、满粘加钉脊瓦、封檐等。
2. 场内运输、调配砂浆、铺瓦，修界瓦边、安脊瓦、檐口梢头坐灰，固定、清扫瓦面等。　　**计量单位：**$100m^2$

编号				4-8	4-9
项目				油毡瓦	小青瓦
					椽子上铺设
名称			单位	消耗量	
人工	000206000	综合二类工	工日	5.017	11.463
材料	041735007	多彩油毡瓦 1000×333	块	690.000	—
	143183002	液化石油气	kg	8.140	—
	031502013	油毡钉	kg	6.180	—
	140507002	冷底子油 30：70	kg	84.000	—
	311105001	小青瓦 200×130	千块	—	15.639
	800615001	预拌水泥砂浆（综合）	m^3	—	0.318
	341101001	水	m^3	—	1.060
机械	990611010	干混砂浆罐式搅拌机	台班	—	0.420

5. 彩钢板屋面

工作内容： 截料，制作、安装铁件，场内运输、吊装屋面板，安装防水堵头，屋脊板等。 **计量单位：** 100m²

编号				4-10	4-11
项目				檩条或基层混凝土（钢）板面上	
				单层彩钢板	彩钢夹芯板
名称			单位	消耗量	
人工	000206000	综合二类工	工日	6.560	11.743
材料	091105003	压型彩钢板 δ0.5	m²	128.263	—
	041729001	彩钢脊瓦	m	4.730	4.730
	031509001	铁件（综合）	kg	9.710	9.710
	050401009	板枋材松杂	m³	0.059	0.059
	030105001	螺栓（综合）	套	420.000	420.000
	031501008	圆钉（综合）	kg	0.070	0.070
	031301004	合金钢焊条	kg	4.030	4.030
	030101008	铝拉铆钉（综合）	10 个	70.000	70.000
	092505002	彩钢夹芯板 δ100	m²	—	105.000
机械	990901020	交流弧焊机 32kV · A	台班	1.100	1.100
	990304004	汽车式起重机 8t	台班	1.600	1.600

6. 玻璃采光顶屋面

工作内容： 截料，制作、场内运输、安装龙骨支撑，刷防护材料、油漆，安装玻璃，
嵌缝，打胶，密封等。 **计量单位：** 100m²

编号				4-12	4-13
项目				钢龙骨上安装中空玻璃	钢龙骨上安装钢化玻璃
名称			单位	消耗量	
人工	000206000	综合二类工	工日	117.179	79.108
材料	061100001	中空玻璃	m²	107.000	—
	012301001	T 型钢 25 × 25	kg	20.780	294.280
	011301005	扁钢 100 × 10	kg	76.860	54.580
	011301011	扁钢 5	kg	39.965	283.800
	011901008	槽钢 6.3#	kg	1966.300	460.820

续前

编　号				4-12	4-13
项　目				钢龙骨上安装中空玻璃	钢龙骨上安装钢化玻璃
名　称			单位	消　耗　量	
材料	030105032	带帽六角螺栓 M12 以外	kg	4.510	3.280
	041735006	镀锌铁皮脊瓦 26#	m^2	1.000	—
	133501006	建筑油膏	kg	89.260	—
	031501008	圆钉（综合）	kg	1.400	—
	203307021	橡胶垫片 25	m	64.660	—
	020301002	橡胶条（大）	m	161.640	—
	020301003	橡胶条（小）	m	161.640	—
	031509001	铁件（综合）	kg	74.650	—
	130115002	无光调和漆	kg	38.440	13.260
	203307022	橡胶垫片 宽 250	m	104.740	45.910
	060500001	钢化玻璃 $\delta 5$	m^2	—	109.170
	291705007	铁钩	kg	—	26.920
	140701003	熟机油	kg	—	6.700

7. 木（防腐木）屋面

工作内容： 整理、选料、场内运输、放样、截料、平铺、搭接等。　　　　**计量单位：** $100m^2$

编　号				4-14	4-15
项　目				屋面（板厚 50mm）	
				平铺	搭接
名　称			单位	消　耗　量	
人工	000206000	综合二类工	工日	59.000	68.000
材料	051100002	防腐木	m^2	113.000	146.900
	030103032	镀锌机螺钉 M6～12 × 12～200	个	4080.000	4900.000
机械	990706010	木工圆锯机 500mm	台班	0.980	1.130

8. 现浇混凝土亭廊屋面

（1）混　凝　土

工作内容：人工垂直运输、浇筑、振捣、养护等。　　**计量单位：**$10m^3$

编　号				4-16	4-17	4-18	4-19
项　目				不带椽屋面板	带椽屋面板	带椽戗翼板（爪角板）	老仔（角）梁
名　称			单位	消　耗　量			
人工	000206000	综合二类工	工日	4.209	18.093	20.843	16.463
材料	802101009	预拌混凝土（综合）	m^3	10.100	10.100	10.100	10.100
	020901001	塑料薄膜	m^2	80.346	82.770	85.199	85.199
	341101001	水	m^3	3.030	3.030	3.030	3.030
	341103001	电	kW·h	1.500	1.500	1.500	1.500

（2）模　　板

工作内容：模板制作、安装、拆除、整理堆放、场内运输、清理模板粘接物及杂物、刷隔离剂等。　　**计量单位：**$100m^2$

编　号				4-20	4-21	4-22	4-23
项　目				不带椽屋面板	带椽屋面板	带椽戗翼板（爪角板）	老仔（角）梁
名　称			单位	消　耗　量			
人工	000206000	综合二类工	工日	23.864	32.916	37.852	42.790
材料	350123002	复合模板	m^2	30.862	36.767	36.767	36.767
	350323001	木支撑	m^3	0.731	0.600	0.600	0.600
	031509001	铁件（综合）	kg	7.970	7.970	7.970	7.970
	050401009	板枋材松杂	m^3	0.453	0.544	0.544	0.544
	144303016	塑料胶布带 20mm×50m	卷	4.500	4.000	4.000	4.000
	031501008	圆钉（综合）	kg	1.213	1.150	1.150	1.150
	143531001	隔离剂	kg	10.000	10.000	10.000	10.000
机械	990706010	木工圆锯机 500mm	台班	0.083	0.902	0.902	0.902
	990401025	载重汽车 6t	台班	0.115	0.115	0.115	0.115

（3）钢　　筋

工作内容：钢筋制作、场内运输、绑扎、安装等。　　**计量单位：**t

编　号				4-24	4-25
项　目				钢筋	
				HPB300	
				直径≤10mm	直径>10mm
名　称			单位	消　耗　量	
人工	000206000	综合二类工	工日	9.606	6.489

续前

编号				4-24	4-25
项目				钢筋	
				HPB300	
				直径 ≤ 10mm	直径 > 10mm
名称			单位	消耗量	
材料	010103001	螺纹钢筋 ϕ10 以内	t	1.020	1.025
	031507010	镀锌铁丝 ϕ0.7～1.2	kg	8.910	3.456
	031301011	电焊条（综合）	kg	—	4.560
机械	990701040	钢筋调直机 40mm	台班	0.240	0.080
	990702010	钢筋切断机 40mm	台班	0.110	0.090
	990703010	钢筋弯曲机 40mm	台班	0.350	0.230
	990904040	直流弧焊机 32kV · A	台班	—	0.440
	990910030	对焊机 75kV · A	台班	—	0.090
	990919010	电焊条烘干箱 45 × 35 × 45cm^3	台班	—	0.038

二、屋顶花园基底处理

工作内容： 1. 屋面清理：清洗、垃圾渣土集中等。

2. 砂浆找平层、保护层：放样、清理基层、场内运输、调配砂浆、抹找平层、保护层、养护等。

计量单位： 100m^2

编号				4-26	4-27	4-28	4-29
项目				屋面清理	水泥砂浆找平层		水泥砂浆保护层
					平面 20mm	每增减 1mm	
名称			单位	消耗量			
人工	000206000	综合二类工	工日	2.300	9.000	1.950	8.800
材料	341103001	电	kW · h	11.770	—	—	—
	800615001	预拌水泥砂浆（综合）	m^3	—	2.200	1.020	2.200
	133505001	防水剂	kg	—	5.600	—	—
	341101001	水	m^3	—	0.660	0.306	0.660
	144115001	107 胶	kg	—	—	—	105.000
机械	990611010	干混砂浆罐式搅拌机	台班	—	0.360	0.170	0.360

工作内容：场内运输、物料回填、平整等。　　**计量单位：**见表

编号				4-30	4-31	4-32	4-33	4-34
项目				滤水层				回填轻质土壤
				回填卵石	回填陶粒	土工布过滤层	保湿毯	
单位				$10m^3$		$100m^2$		$10m^3$
名称			单位	消耗量				
人工	000206000	综合二类工	工日	4.502	2.219	1.224	1.469	5.000
材料	040503001	卵石	t	18.992	—	—	—	—
	040701001	陶粒	m^3	—	10.500	—	—	—
	023101002	土工布 $250g/m^2$	m^2	—	—	111.520	—	—
	031501008	圆钉（综合）	kg	—	—	1.090	—	—
	072911001	保湿毯 500g	m^2	—	—	—	112.200	—
	322901001	轻质种植土壤	m^3	—	—	—	—	11.600

工作内容：场内运输、基层清理，排水板铺设、安装等。　　**计量单位：**$100m^2$

编号				4-35	4-36	4-37
项目				排水板安装		
				块料式	卷材式	锁扣式
名称			单位	消耗量		
人工	000206000	综合二类工	工日	3.900	1.900	1.000
材料	133901004	块料式排水板	m^2	111.100	—	—
	133901003	卷材式排水板	m^2	—	111.100	—
	133901006	锁扣式排水板	m^2	—	—	120.000

工作内容：场内运输、与主管连接、水泥砂浆固定等。　　**计量单位：**10m

编号				4-38	4-39	4-40	4-41	4-42
项目				软式透水管安装				
				$\phi 50$	$\phi 80$	$\phi 100$	$\phi 150$	$\phi 200$
名称			单位	消耗量				
人工	000206000	综合二类工	工日	0.500	0.700	0.900	1.100	1.300

续前

编号				4-38	4-39	4-40	4-41	4-42
项目				软式透水管安装				
				ϕ50	ϕ80	ϕ100	ϕ150	ϕ200
名称			单位	消耗量				
材料	800615001	预拌水泥砂浆（综合）	m^3	0.005	0.007	0.010	0.011	0.015
	171915003	软式透水管	m	11.000	11.000	11.000	11.000	11.000
机械	990611010	干混砂浆罐式搅拌机	台班	0.001	0.002	0.003	0.004	0.005

三、补充项目

1. 耐力板光棚

工作内容：测量、放线、定位、紧固、骨架安装、焊接、校正、安装耐力板、打胶、清洗等。

计量单位：$100m^2$

编号				4-43	4-44
项目				耐力板光棚	
				平面	拱形
名称			单位	消耗量	
人工	000206000	综合二类工	工日	10.270	15.405
材料	090907004	耐力板 δ4	m^2	11.000	13.500
	014900002	铝合金型材（综合）	kg	50.240	64.303
	030105191	镀锌螺栓 M6×30	套	110.000	140.000
	031509002	铁件	kg	7.465	9.555
	144309003	玻璃胶 310g/支	支	2.040	2.610
	203307024	橡胶垫 δ10	m^2	16.940	21.680
	020301001	橡胶条（综合）	m	32.328	41.380

第五章

喷泉及喷灌工程

说 明

一、本章包括喷泉喷头安装，喷灌喷头安装，立体花坛喷头、滴灌、渗灌管安装三部分。

二、本章项目仅为园林绿化工程中特设安装项目。其他安装项目执行《陕西省通用安装工程消耗量定额（2025）》相应项目。

三、蒲公英喷头安装不含立管安装。

四、控制器、传感器等可执行《陕西省通用安装工程消耗量定额（2025）》相应项目。

工程量计算规则

一、喷泉喷头安装按设计图示以“套”计算。

二、喷灌喷头安装按设计图示以“套”或“个”计算。

三、立体花坛喷头、滴灌、渗灌管安装：

1. 立体花坛喷头（滴箭组）安装按设计图示以“套”计算。
2. 渗灌管安装按设计图示尺寸以延长米计算。
3. 立体花坛骨架内埋设及安装 PE 管按设计图示尺寸以延长米计算。
4. 给水管混凝土固筑按设计图示以“处”计算，填砂按设计图示尺寸以体积计算。

一、喷泉喷头安装

1. 喷泉喷头（螺纹连接）

工作内容： 场内运输、外观检查、清污、喷头安装等。　　**计量单位：** 套

编号				5-1	5-2	5-3	5-4
项目				喷泉喷头（螺纹连接）			
				*DN*20	*DN*25	*DN*32	*DN*40
名称			单位	消耗量			
人工	000206000	综合二类工	工日	0.072	0.091	0.116	0.127
材料	232100001	喷头	套	1.000	1.000	1.000	1.000
	181602014	镀锌活接头（综合）	个	1.010	1.010	1.010	1.010
	340203008	聚四氟乙烯生料带 宽 20	m	0.754	0.942	1.006	1.507
	140303001	机油（综合）	kg	0.005	0.005	0.006	0.008
	850103006	其他材料费（占材料费）	%	3.000	3.000	3.000	3.000

工作内容： 场内运输、外观检查、清污、喷头安装等。　　**计量单位：** 套

编号				5-5	5-6	5-7
项目				喷泉喷头（螺纹连接）		
				*DN*50	*DN*65	*DN*80
名称			单位	消耗量		
人工	000206000	综合二类工	工日	0.152	0.191	0.281
材料	232100001	喷头	套	1.000	1.000	1.000
	181602014	镀锌活接头（综合）	个	1.010	1.010	1.010
	340203008	聚四氟乙烯生料带 宽 20	m	1.884	2.355	2.944
	140303001	机油（综合）	kg	0.010	0.013	0.016
	850103006	其他材料费（占材料费）	%	3.000	3.000	3.000

2. 喷泉喷头（法兰连接）

工作内容： 场内运输、外观检查、清污、法兰垫制作安装、喷头及法兰盘安装、紧螺栓等。 **计量单位：** 套

编号				5-8	5-9	5-10	5-11	5-12	5-13
项目				喷泉喷头（法兰连接）					
				*DN*65	*DN*80	*DN*100	*DN*125	*DN*150	*DN*200
名称			单位	消耗量					
人工	000206000	综合二类工	工日	0.245	0.300	0.396	0.565	0.600	0.911
材料	232123002	法兰喷头	套	1.000	1.000	1.000	1.000	1.000	1.000
	200001003	平焊法兰 *PN*1.6 以下	片	1.000	1.000	1.000	1.000	1.000	1.000
	030105188	镀锌六角螺栓带螺母、垫圈 M16×85～140	套	4.120	8.240	8.240	8.240	—	—
	031301011	电焊条（综合）	kg	0.106	0.123	0.157	0.190	0.247	0.556
	020111001	石棉橡胶板（综合）	kg	0.114	0.154	0.199	0.275	0.326	0.376
	140303001	机油（综合）	kg	0.035	0.041	0.049	0.051	0.063	0.066
	092705001	破布	kg	0.012	0.013	0.014	0.015	0.017	0.018
	031101009	尼龙砂轮片 ϕ100	片	0.045	0.052	0.063	0.087	0.110	0.150
	341103001	电	kW·h	0.029	0.034	0.043	0.047	0.061	0.138
	030105189	镀锌六角螺栓带螺母、垫圈 M20×85～100	套	—	—	—	—	8.240	12.360
	850103006	其他材料费（占材料费）	%	3.000	3.000	3.000	3.000	3.000	3.000
机械	990900010	电焊机（综合）	台班	0.045	0.052	0.067	0.073	0.095	0.213
	990919030	电焊条烘干箱 60×50×75cm^3	台班	0.005	0.005	0.007	0.008	0.010	0.022
	990920010	电焊条恒温箱	台班	0.005	0.005	0.007	0.008	0.010	0.022

3. 蒲公英喷头

工作内容： 场内运输、外观检查、清污、组装等。 **计量单位：** 套

编号				5-14	5-15	5-16	5-17
项目				29 根杆	43 根杆	85 根杆	105 根杆
名称			单位	消耗量			
人工	000206000	综合二类工	工日	0.600	0.729	0.881	1.009

续前

编　　号				5-14	5-15	5-16	5-17
项　　目				29 根杆	43 根杆	85 根杆	105 根杆
名　　称			单位	消　耗　量			
材料	323201001	蒲公英喷头	套	1.000	1.000	1.000	1.000
	181602016	镀锌活接头 *DN*20	个	1.010	—	—	—
	340203008	聚四氟乙烯生料带 宽 20	m	0.942	1.507	1.884	3.015
	140303001	机油（综合）	kg	0.005	0.008	0.011	0.016
	181602019	镀锌活接头 *DN*40	个	—	1.010	—	—
	181602020	镀锌活接头 *DN*50	个	—	—	1.010	—
	181602021	镀锌活接头 *DN*80	个	—	—	—	1.010
	850103006	其他材料费（占材料费）	%	3.000	3.000	3.000	3.000

二、喷灌喷头安装

1. 喷 灌 喷 头

工作内容： 场内运输、外观检查、喷头安装、调试等。　　　　**计量单位：** 个

编　　号				5-18	5-19
项　　目				喷头	
				埋藏旋转、散射	换向摇臂式
名　　称			单位	消　耗　量	
人工	000206000	综合二类工	工日	0.029	0.039
材料	323207001	可调喷头	套	1.000	1.000
	180900006	UPVC 管件	个	1.000	1.000
	182519001	UPVC 管箍	个	2.000	2.000
	850103006	其他材料费（占材料费）	%	3.000	3.000

工作内容：场内运输、外观检查、清污除锈、立管安装、调试等。 **计量单位：**个

编号				5-20	5-21	5-22
项目				固定式喷灌立管		
				6	8	12
名称			单位	消耗量		
人工	000206000	综合二类工	工日	1.711	2.412	4.104
材料	170301006	镀锌钢管 *DN*25	m	1.000	1.000	1.000
	170301007	镀锌钢管 *DN*32	m	1.500	1.500	2.000
	170301009	镀锌钢管 *DN*40	m	1.500	1.500	3.000
	170301010	镀锌钢管 *DN*50	m	2.000	2.000	3.000
	194105001	泄水阀	个	1.000	1.000	1.000
	190301002	法兰闸阀 *DN*50	个	1.000	1.000	1.000
	200000004	法兰 *DN*50	片	2.000	2.000	2.000
	802101009	预拌混凝土（综合）	m^3	0.120	0.120	0.150
	360123001	手孔井	座	1.000	1.000	1.000
	170301014	镀锌钢管 *DN*65	m	—	2.000	3.000
	850103006	其他材料费（占材料费）	%	3.000	3.000	3.000

2. 根部灌水器

工作内容：场内运输、外观检查、安装、调试等。 **计量单位：**套

编号				5-23
项目				根部灌水器（树笼）
名称			单位	消耗量
人工	000206000	综合二类工	工日	0.034
材料	323211001	根部灌水器 ϕ 100mm × *L*915mm	套	1.000
	040701001	陶粒	m^3	0.007
	023101001	土工布（综合）	m^2	0.023
	183117004	丝接件	个	1.000
	850103006	其他材料费（占材料费）	%	3.000

3. 微喷及千秋架

工作内容：场内运输、外观检查、打孔、安装快速接头、支撑杆安装七件套喷头、安装千秋架等。

计量单位：套

编　　号				5-24	5-25	5-26	5-27
项　　目				微喷	千秋架		
					$\phi 20$	$\phi 25$	$\phi 32$
名　　称			单位	消　耗　量			
人工	000206000	综合二类工	工日	0.011	0.020	0.025	0.029
材料	323209001	微喷七件套	套	1.000	—	—	—
	181625005	快速接头	个	1.000	—	—	—
	292105005	支撑杆	个	1.000	—	—	—
	323515001	千秋架	套	—	1.000	1.000	1.000
	850103006	其他材料费（占材料费）	%	3.000	3.000	3.000	3.000

三、立体花坛喷头、滴灌、渗灌管安装

1. 立体花坛喷头

工作内容：场内运输、外观检查、切管、喷头安装等。

计量单位：套

编　　号				5-28	5-29
项　　目				地表可调喷头	立体轻雾喷头
名　　称			单位	消　耗　量	
人工	000206000	综合二类工	工日	0.056	0.027
材料	323207001	可调喷头	套	1.000	—
	323209001	微喷七件套	套	—	1.000
	180101001	直通 $\phi 4$	个	—	1.010
	172505002	UPVC 软管 $\phi 4$	m	—	0.515
	850103006	其他材料费（占材料费）	%	3.000	3.000

2. 立体花坛滴箭组

工作内容： 场内运输、外观检查、切管、打孔、引管安装、滴箭组分插花盆安装等。　　**计量单位：** 套

编　　号				5-30	5-31
项　　目				5 通滴箭组	16 通滴箭组
名　　称			单位	消　耗　量	
人工	000206000	综合二类工	工日	0.049	0.099
材料	323206001	滴箭组 5 通	套	1.000	—
	180101001	直通 $\phi 4$	个	1.010	1.010
	172505002	UPVC 软管 $\phi 4$	m	1.020	1.020
	323206002	滴箭组 集速式 16 通	套	—	1.000
	850103006	其他材料费（占材料费）	%	3.000	3.000

3. 渗　灌　管

工作内容： 场内运输、外观检查、切管、打孔、引管安装、稳流器安装等。　　**计量单位：** m

编　　号				5-32
项　　目				渗灌管
名　　称			单位	消　耗　量
人工	000206000	综合二类工	工日	0.080
材料	323205002	渗灌管	m	1.030
	180000001	管件	个	4.040
	172505002	UPVC 软管 $\phi 4$	m	0.618
	021301006	尼龙扎带 $L = 100$cm	根	3.030
	850103006	其他材料费（占材料费）	%	3.000

注：稳流器数量按设计要求确定。

4. 立体花坛骨架内埋设及安装 PE 管

工作内容： 场内运输、外观检查、切管、立体骨架中预埋管线、安装固定、上管件、调直、管道安装、水压试验等。　　**计量单位：** m

编　　号				5-33	5-34	5-35	5-36
项　　目				公称直径（mm 以内）			
				20	25	32	40
名　　称			单位	消　耗　量			
人工	000206000	综合二类工	工日	0.143	0.152	0.162	0.171

续前

编　　号				5-33	5-34	5-35	5-36
项　　目				公称直径（mm 以内）			
				20	25	32	40
名　　称			单位	消　耗　量			
材料	172511001	PE 管	m	1.020	1.020	1.020	1.020
	180900005	PE 管件	个	1.326	1.326	1.326	1.326
	021301006	尼龙扎带 $L=100$cm	根	1.010	1.010	1.010	1.010
	144135024	粘接剂	kg	0.058	0.061	0.064	0.067
	031102004	铁砂布（综合）	张	0.005	0.006	0.007	0.008
	143315001	丙酮	kg	0.002	0.002	0.023	0.026
	031541001	锯条	条	0.033	0.048	0.063	0.078
	172707008	橡胶管 δ1～3mm	kg	0.005	0.006	0.007	0.008
	172707013	橡胶软管 ϕ20	m	0.007	0.007	0.007	0.007
	860113019	弹簧压力表 Y-100 0～1.6MPa	块	0.002	0.002	0.002	0.002
	031599005	弹簧弯管 *DN*15	个	0.002	0.002	0.002	0.002
	850103006	其他材料费（占材料费）	%	2.000	2.000	2.000	2.000
机械	990813010	试压泵 3MPa	台班	0.001	0.001	0.001	0.001

5. 给水管固筑

工作内容： 1. 混凝土：清理基层、浇筑、振捣、养护等。
2. 填砂：清理基层、场内运输、找平等。　**计量单位：** 见表

编　　号				5-37	5-38	5-39
项　　目				给水管固筑		
				混凝土		填砂
				管径（mm 以内）		
				*DN*75	*DN*100	
名　　称			单位	消　耗　量		
人工	000206000	综合二类工	工日	0.010	0.010	2.600
材料	802101009	预拌混凝土（综合）	m^3	0.034	0.060	—
	040300003	砂子	m^3	—	—	10.150
	850103006	其他材料费（占材料费）	%	2.000	2.000	2.000

第六章

边坡绿化生态修复工程

说 明

一、本章包括边坡清理，边坡喷播植草，挂网，喷厚层基材灌木护坡，生态袋边坡绿化共五部分。

二、边坡喷播植草、挂网、喷厚层基材灌木护坡、生态袋边坡绿化项目不含锚杆、锚索、排水设施，发生时执行《陕西省市政工程消耗量定额（2025）》相应项目。

三、边坡喷播植草、喷厚层基材灌木护坡项目基质厚度按下表考虑，遇基质厚度不同时。相应调整种植基质的消耗量。

基质厚度表

序号	项目名称	项目基质厚度（cm）
1	土质边坡喷播	8
2	石质边坡喷播	10
3	喷厚层基材灌木护坡（植生格）	6
4	喷厚层基材灌木护坡（T 形植生板）	6

四、生态袋边坡绿化提升高度按地面标高至完成坡顶标高 8m 为界，超过 8m 时，超出部分按下表系数分段调整。

生态袋边坡绿化提升高度调整系数表

项目	人工	起重机械
提升高度H（m）	消耗量系数	消耗量系数
$8 < H \leqslant 15$	1.1	1.25
$15 < H \leqslant 22$	1.25	1.6
$H > 22$	1.5	2

五、生态袋边坡绿化种植基质配合比与定额不同时可以调整。

六、边坡绿化生态修复工程用洒水车浇水时，执行本定额第一章“绿化工程”相应项目乘以系数 1.2。

七、边坡绿化生态修复栽植工程养护执行本定额第一章“绿化工程”相应项目。

八、本章中 6-8 项目和 6-9 项目适用于坡度 ≤ 30°的情形，若坡度 > 30°，项目中 U 形钉的耗量据实调整。

工程量计算规则

一、边坡清理、边坡喷播植草、挂网、喷厚层基材灌木护坡按设计图示尺寸以外围展开面积计算。

二、生态袋边坡绿化按设计图示尺寸以体积计算。

一、边 坡 清 理

工作内容：清理、排除坡面松石等。　　**计量单位：**100m²

编　　号				6-1
项　　目				边坡、平台修整
名　　称			单位	消　耗　量
人工	000106000	综合一类工	工日	0.838
机械	990106110	履带式反铲单斗液压挖掘机 1.0m³	台班	0.433

二、边坡喷播植草

工作内容：场内运输、种籽拌和、喷（撒）播草籽、补播草籽、盖无纺布、洒水养护等。　**计量单位：**100m²

编　　号				6-2	6-3	6-4
项　　目				土质边坡喷播		
				坡度 30°～45°	坡度 45°～60°	坡度 > 60°
名　　称			单位	消　耗　量		
人工	000206000	综合二类工	工日	2.300	2.540	2.790
材料	320703002	种子（综合）	kg	2.800	3.400	4.130
	322900001	种植土	m³	8.800	9.200	9.600
	022703004	无纺布	m²	110.000	110.000	110.000
	143523001	保水剂	kg	1.600	1.600	1.600
	144135024	粘接剂	kg	0.140	0.170	0.170
	341101001	水	m³	9.460	10.300	11.200
	850103006	其他材料费（占材料费）	%	1.500	1.500	1.500
机械	991275020	喷播机 30m	台班	0.120	0.130	0.140

工作内容：场内运输、种籽拌和、喷（撒）播草籽、补播草籽、盖无纺布、洒水养护等。 计量单位：100m²

编号				6-5	6-6	6-7
项目				石质边坡客土喷播		
				坡度 30°～45°	坡度 45°～60°	坡度 > 60°
名称			单位	消耗量		
人工	000206000	综合二类工	工日	16.800	18.480	20.330
材料	320703002	种子（综合）	kg	3.640	4.370	4.370
	322900001	种植土	m^3	11.000	11.500	12.000
	022703004	无纺布	m^2	110.000	110.000	110.000
	143523001	保水剂	kg	2.000	2.000	2.000
	144135024	粘接剂	kg	2.000	2.000	2.000
	341101001	水	m^3	11.830	12.870	14.000
	322905001	草泥炭	kg	18.000	18.000	18.000
	052509001	木纤维	kg	25.000	25.000	25.000
	143553001	土壤改良剂	kg	0.500	0.500	0.500
	850103006	其他材料费（占材料费）	%	1.500	1.500	1.500
机械	991275020	喷播机 30m	台班	0.330	0.330	0.330

三、挂　　网

工作内容：场内运输、吊装、铺设、绑扎、张拉、固定等。 计量单位：100m²

编号				6-8	6-9
项目				挂网	
				镀锌铁丝网	三维网
名称			单位	消耗量	
人工	000206000	综合二类工	工日	2.000	1.600
材料	031505003	镀锌钢丝网（综合）	m^2	105.000	—
	031507018	镀锌铁丝 $\phi2.8$～4.0	kg	2.000	—

续前

编　　号				6-8	6-9
项　　目				挂网	
				镀锌铁丝网	三维网
名　　称			单位	消　耗　量	
材料	031509020	铁件（U 形钉）	kg	2.500	2.500
	031505024	三维网	m^2	—	105.000

四、喷厚层基材灌木护坡

工作内容： 1. 场内运输、打孔、埋设锚固件、安装植生格或 T 形植生板，挂网、张拉、固定等。
2. 场内运输、采筛种植土、混合基质拌和、运输、喷播、种子喷播、盖遮阳网等。

计量单位： $100m^2$

编　　号				6-10	6-11
项　　目				植生格	T 形植生板
名　　称			单位	消　耗　量	
人工	000206000	综合二类工	工日	30.500	30.300
材料	323513002	植生格	m^2	63.700	—
	320703002	种子（综合）	kg	4.400	4.400
	322900001	种植土	m^3	2.600	2.600
	031505029	遮阳网	m^2	110.000	110.000
	052509001	木纤维	kg	170.500	170.500
	322909001	植物屑	kg	253.000	253.000
	803703003	灌木护坡添加剂	kg	18.600	18.600
	322700001	肥料	kg	5.800	5.800
	143169001	药剂	kg	0.100	0.100
	031507020	镀锌铁丝 $\phi0.7$	kg	0.200	0.400
	030907010	锚固件	kg	240.500	97.000

续前

编号				6-10	6-11
项目				植生格	T形植生板
名称			单位	消耗量	
材料	322907001	炭泥土	kg	429.000	429.000
材料	341101001	水	m^3	11.900	11.900
材料	323513001	T形植生板	m^3	—	1.700
材料	031501005	铁钉	kg	—	1.800
机械	990129010	手持式风动凿岩机	台班	1.300	0.700
机械	991275020	喷播机 30m	台班	0.300	0.300
机械	991235010	碎土机	台班	0.200	0.200

五、生态袋边坡绿化

工作内容：场内运输、种植土拌和、装袋，安装连接扣，堆置，码放，踏实，加固等。 **计量单位：**$10m^3$

编号				6-12
项目				生态袋
名称			单位	消耗量
人工	000206000	综合二类工	工日	15.440
材料	021901003	生态袋 33×60×15	条	336.700
材料	322900001	种植土	m^3	9.300
材料	131503001	有机质料	kg	35.800
材料	322700001	肥料	kg	1.700
材料	143169001	药剂	kg	2.080
材料	350203006	链接扣	个	336.700
材料	341101001	水	m^3	11.700
材料	850103006	其他材料费（占材料费）	%	1.500
机械	990304024	汽车式起重机 25t	台班	0.280

第七章

措 施 项 目

说 明

一、本章包括树木支撑，草绳缠干，搭设遮阴棚，搭设防寒棚，树体输液，树干涂白，栽植基础处理，脚手架，园建材料二次搬运，围堰共十部分。

二、绿化工程措施项目：

1. 本章搭设遮阴（防寒）棚是以单层网考虑，若搭设双层网，人工乘以系数 1.2，材料（遮阴网、防寒膜）乘以系数 2。单株灌木的遮阴（防寒）按展开面积，执行片植灌木遮阴（防寒）项目。

2. 加施基肥、枝根消毒、生根催芽、树体输液等项目，按设计要求或施工组织设计执行相应项目。

3. 绿化工程措施项目，实际施工与定额所列材料不同时，按施工组织设计或专项施工方案的要求另行计算。

三、脚手架：

1. 脚手架措施项目指施工需要的脚手架搭、拆、运输及脚手架摊销的工料消耗。

2. 钢管脚手架项目已包括斜道及拐弯平台搭设。

3. 砌筑物高度超过 1.2m 时可计算脚手架搭拆费用。

4. 堆砌（塑）假山脚手架执行单、双排脚手架项目。

5. 亭廊脚手架（综合脚手架）项目中包括装饰、混凝土浇捣用脚手架。

6. 桥支架不包括底模及地基加固。

7. 脚手架项目不能满足施工需要时，执行《陕西省房屋建筑与装饰工程消耗量定额（2025）》相应项目。

四、园建材料二次搬运、超运距搬运：

园建材料二次搬运、超运距搬运分为人工搬运及人力车搬运，园建材料发生人工搬运，100m ＜ 水平运距 ≤ 500m 时，执行相应项目；500m ＜ 水平运距 ≤ 1000m 时，执行相应项目人工乘以系数 1.2；水平运距 ＞ 1000m 时，执行相应项目人工乘以系数 1.5。

五、围堰工程：

1. 围堰工程项目仅列袋装围堰筑堤、打木桩钎，其他形式围堰执行《陕西省市政工程消耗量定额（2025）》相应项目。

2. 袋装围堰筑堤项目，纤维袋规则尺寸与项目不同时，可调整纤维袋消耗量，其他不变。

工程量计算规则

一、绿化工程措施项目：

1. 木质支撑棒、预制钢筋混凝土桩按不同的支撑形式以“株”计算。

2. 草绳缠树干，按乔木胸径及缠干高度以“株”计算。

3. 搭设无支撑遮阴棚按以下规定计算：

（1）乔木按乔木高度以“株”计算；

（2）露地花卉、地被、片植灌木按搭设高度以水平投影面积计算。

4. 钢管支撑遮阴（防寒）棚按外围覆盖层展开尺寸以面积计算。

5. 加施基肥：乔木、单株灌木、棕榈、散生竹、攀缘植物以“株”计算；丛生竹以“丛”计算，片植灌木、成片绿篱、地被、草坪以面积计算；单双排绿篱以延长米计算。

6. 生根催芽、枝根消毒：乔木、单株灌木、棕榈、散生竹以“株”计算。

7. 土壤消毒以土壤体积计算。

8. 树体输液以“组”（一个输液袋加一套或多套管线为一组）计算。

二、脚手架：

1. 脚手架工程量按墙面水平边线长度乘以墙面砌筑高度以面积计算。

2. 独立柱按设计图示尺寸，以结构外围周长另加 3.6m 乘以高度以面积计算。

3. 堆砌（塑）假山脚手架按外围水平投影最大矩形周长乘以堆砌（塑）高度以面积计算。

4. 亭廊脚手架（综合脚手架）按设计图示尺寸的结构外围水平面积计算。

5. 桥支架体积为结构底到原地面（水上支架为水上支架平台顶面）平均高度乘以纵向距离再乘以（桥宽＋2）m 计算。

三、园建材料二次搬运、超运距搬运：

1. 园建材料二次搬运、超运距搬运按园建材料的质量或体积计算。

2. 袋水泥、袋石灰、钢筋等按质量计算；标准砖、石料、砂、种植土等以体积计算；砂浆、混凝土构件以实体积计算。

四、围堰：

1. 袋装围堰筑堤按设计图示尺寸以体积计算。

2. 打木桩钎以“组”计算，每 5 根木桩钎为一组。

一、树 木 支 撑

工作内容：场内运输、制桩、运桩、打桩、绑桩、维护等。 **计量单位：**株

编号				7-1	7-2	7-3	7-4
项目				树棍桩			
				四脚桩	三脚桩	长单桩	短单桩
名称			单位	消耗量			
人工	000206000	综合二类工	工日	0.080	0.060	0.040	0.020
材料	052503003	树（竹）棍长≤2.2m	根	4.000	3.000	—	1.000
	052503004	树（竹）棍长＞2.2m	根	—	—	1.000	—
	850103006	其他材料费（占材料费）	%	1.500	1.500	1.500	1.500

工作内容：场内运输、制桩、运桩、打桩、绑桩、维护等。 **计量单位：**株

编号				7-5	7-6	7-7	7-8
项目				树棍桩	预制钢筋混凝土桩		
				铅丝吊桩	长单桩	短单桩	扁担桩
名称			单位	消耗量			
人工	000206000	综合二类工	工日	0.070	0.120	0.100	0.150
材料	333101001	木桩	根	3.000	—	—	—
	042709008	预制钢筋混凝土长桩 2200×120×100	根	—	1.000	—	—
	042709007	预制钢筋混凝土短桩 1500×100×100	根	—	—	1.000	—
	323517001	扁担桩 2200×80×80	根	—	—	—	1.000
	850103006	其他材料费（占材料费）	%	1.500	1.500	1.500	1.500

二、草绳缠干

工作内容：场内运输、绕干、余料清理、养护后期清理等。 计量单位：株

编号				7-9	7-10	7-11	7-12
项目				草绳缠干			
				胸径 ≤ 6cm/干径 ≤ 8cm		胸径 ≤ 10cm/干径 ≤ 12cm	
				缠干高度（m）			
				≤ 1.5	＞ 1.5	≤ 1.5	＞ 1.5
名称			单位	消耗量			
人工	000206000	综合二类工	工日	0.045	0.052	0.060	0.069
材料	022901007	草绳	kg	1.722	2.238	2.890	3.371
	850103006	其他材料费（占材料费）	%	1.500	1.500	1.500	1.500

工作内容：场内运输、绕干、余料清理、养护期后清理等。 计量单位：株

编号				7-13	7-14	7-15
项目				草绳缠干		
				胸径 ≤ 20cm/干径 ≤ 24cm		
				缠干高度（m）		
				≤ 1.5	≤ 3	＞ 3
名称			单位	消耗量		
人工	000206000	综合二类工	工日	0.105	0.137	0.139
材料	022901007	草绳	kg	6.000	11.475	14.923
	850103006	其他材料费（占材料费）	%	1.500	1.500	1.500

工作内容：场内运输、绕干、余料清理、养护后期清理等。 计量单位：株

编号				7-16	7-17	7-18
项目				草绳缠干		
				胸径 ≤ 32cm/干径 ≤ 35cm		
				缠干高度（m）		
				≤ 1.5	≤ 3	＞ 3
名称			单位	消耗量		
人工	000206000	综合二类工	工日	0.135	0.155	0.179

续前

编　号				7-16	7-17	7-18
项　目				草绳缠干		
				胸径 ≤ 32cm/干径 ≤ 35cm		
				缠干高度（m）		
				≤ 1.5	≤ 3	> 3
名　称			单位	消　耗　量		
材料	022901007	草绳	kg	8.610	17.210	20.087
	850103006	其他材料费（占材料费）	%	1.500	1.500	1.500

工作内容：场内运输、绕干、余料清理、养护后期清理等。　　**计量单位：**株

编　号				7-19	7-20	7-21
项　目				草绳缠干		
				胸径 ≤ 40cm/干径 ≤ 45cm		
				缠干高度（m）		
				≤ 1.5	≤ 3	> 3
名　称			单位	消　耗　量		
人工	000206000	综合二类工	工日	0.169	0.194	0.223
材料	022901007	草绳	kg	13.746	22.957	38.265
	850103006	其他材料费（占材料费）	%	1.500	1.500	1.500

工作内容：场内运输、绕干、余料清理、养护后期清理等。　　**计量单位：**株

编　号				7-22	7-23	7-24
项　目				草绳缠干		
				胸径 ≤ 45cm/干径 ≤ 50cm		
				缠干高度（m）		
				≤ 1.5	≤ 3	> 3
名　称			单位	消　耗　量		
人工	000206000	综合二类工	工日	0.186	0.214	0.246
材料	022901007	草绳	kg	15.121	25.252	42.092
	850103006	其他材料费（占材料费）	%	1.500	1.500	1.500

工作内容：场内运输、绕干、余料清理、养护后期清理等。　　　　计量单位：株

编号				7-25	7-26	7-27
项目				草绳缠干		
				胸径 ≤ 50cm/干径 ≤ 55cm		
				缠干高度（m）		
				≤ 1.5	≤ 3	> 3
名称			单位	消耗量		
人工	000206000	综合二类工	工日	0.204	0.235	0.270
材料	022901007	草绳	kg	16.633	27.777	46.301
	850103006	其他材料费（占材料费）	%	1.500	1.500	1.500

三、搭设遮阴棚

工作内容：制作、场内运输、搭设、维护、养护后清理等。　　　　计量单位：株

编号				7-28	7-29	7-30	7-31
项目				无支撑			
				乔木高度（cm）			
				≤ 150	≤ 300	≤ 500	> 500
名称			单位	消耗量			
人工	000206000	综合二类工	工日	0.030	0.060	0.190	0.290
材料	031505029	遮阳网	m^2	3.100	12.600	34.900	59.000
	031507018	镀锌铁丝 ϕ2.8～4.0	kg	0.800	0.800	0.800	0.800

工作内容：制作、场内运输、搭设、维护、养护后清理等。　　　　计量单位：$100m^2$

编号				7-32	7-33	7-34
项目				无支撑		
				露地花卉、地被、片植灌木高度（cm）		
				≤ 100	≤ 300	≤ 500
名称			单位	消耗量		
人工	000206000	综合二类工	工日	4.000	5.000	5.300

续前

编　　号				7-32	7-33	7-34
项　　目				无支撑		
				露地花卉、地被、片植灌木高度（cm）		
				≤100	≤300	≤500
名　　称			单位	消　耗　量		
材料	031505029	遮阳网	m^2	105.000	105.000	105.000
	321115001	竹梢	根	32.000	89.000	127.000
	031507018	镀锌铁丝 ϕ2.8～4.0	kg	11.000	33.000	55.000

工作内容：制作、场内运输、搭设、维护、养护后清理等。　　　　**计量单位：**100m^2

编　　号				7-35	7-36	7-37
项　　目				钢管支撑		
				遮阴棚搭设高度（cm）		
				≤300	≤500	>500
名　　称			单位	消　耗　量		
人工	000206000	综合二类工	工日	7.200	10.900	14.900
材料	031505029	遮阳网	m^2	120.000	120.000	120.000
	170100004	钢管（综合）	kg	14.000	18.000	21.000
	350203002	扣件	个	5.210	8.410	9.070
	031507018	镀锌铁丝 ϕ2.8～4.0	kg	11.190	11.190	10.040
	850103006	其他材料费（占材料费）	%	1.500	1.500	1.500

四、搭设防寒棚

工作内容：制作、场内运输、搭设、维护、养护后清理等。 **计量单位：**$100m^2$

编号				7-38	7-39	7-40	7-41	7-42
项目				乔木高度（cm）				灌木
				≤200	≤400	≤600	≤800	
名称			单位	消耗量				
人工	000206000	综合二类工	工日	13.140	21.900	28.470	37.010	5.000
材料	020901009	防寒膜	m^2	140.000	140.000	145.000	145.000	—
	022703004	无纺布	m^2	140.000	140.000	145.000	145.000	120.000
	052503002	松木杆	m	454.900	—	—	—	65.000
	050401002	木方 40×30	m	58.300	67.700	75.000	83.300	148.000
	022901003	细麻绳	kg	1.300	1.300	1.300	1.300	—
	031507018	镀锌铁丝 ϕ2.8～4.0	kg	15.700	15.700	15.700	15.700	25.900
	350303001	脚手架钢管	kg	—	9.700	9.900	10.000	—
	350203004	直角扣件	个	—	3.600	3.800	4.900	—
	850103006	其他材料费（占材料费）	%	1.500	1.500	1.500	1.500	1.500

五、树体输液

工作内容：场内运输、打孔、挂输液袋等。 **计量单位：**10组

编号				7-43
项目				树体输液
名称			单位	消耗量
人工	000206000	综合二类工	工日	0.050
材料	323509001	袋装营养液	组	10.000
	850103006	其他材料费（占材料费）	%	1.500

六、树干涂白

工作内容：场内运输、调制涂白剂、粉刷高度1.2m、清理等。　　**计量单位：**10株

编号				7-44	7-45	7-46	7-47
项目				乔木			
				胸径 ≤ 10cm/干径 ≤ 12cm	胸径 ≤ 20cm/干径 ≤ 24cm	胸径 ≤ 32cm/干径 ≤ 35cm	胸径 > 32cm/干径 > 35cm
名称			单位	消耗量			
人工	000206000	综合二类工	工日	0.100	0.160	0.200	0.260
材料	143551001	涂白剂	L	1.600	3.300	4.900	12.500

七、栽植基础处理

1. 加施基肥

（1）乔木

工作内容：场内运输、拌和、施放、覆土等。　　**计量单位：**100株

编号				7-48	7-49	7-50
项目				乔木加施基肥		
				胸径 ≤ 6cm/干径 ≤ 8cm	胸径 ≤ 10cm/干径 ≤ 12cm	胸径 ≤ 20cm/干径 ≤ 24cm
名称			单位	消耗量		
人工	000206000	综合二类工	工日	0.410	0.451	0.496
材料	322705001	复合肥	kg	1.335	5.660	19.018

工作内容：场内运输、拌和、施放、覆土等。　　**计量单位：**100株

编号				7-51	7-52	7-53
项目				乔木加施基肥		
				胸径 ≤ 32cm/干径 ≤ 35cm	胸径 ≤ 40cm/干径 ≤ 45cm	胸径 ≤ 50cm/干径 ≤ 55cm
名称			单位	消耗量		
人工	000206000	综合二类工	工日	0.688	0.750	0.908
材料	322705001	复合肥	kg	30.428	43.817	67.302

（2）单 株 灌 木

工作内容：场内运输、拌和、施放、覆土等。　　　　计量单位：100 株

编　　号				7-54	7-55	7-56	7-57	7-58
项　　目				单株灌木加施基肥				
				冠径（cm）				
				≤ 50	≤ 100	≤ 150	≤ 200	≤ 250
名　　称			单位	消　耗　量				
人工	000206000	综合二类工	工日	0.173	0.208	0.312	0.374	0.449
材料	322705001	复合肥	kg	0.735	1.470	3.910	10.580	14.890

工作内容：场内运输、拌和、施放、覆土等。　　　　计量单位：100 株

编　　号				7-59	7-60	7-61	7-62
项　　目				单株灌木加施基肥			
				冠径（cm）			
				≤ 300	≤ 350	≤ 400	> 400
名　　称			单位	消　耗　量			
人工	000206000	综合二类工	工日	0.540	0.650	0.780	0.936
材料	322705001	复合肥	kg	19.280	27.020	34.180	41.010

（3）成 片 灌 木

工作内容：场内运输、拌和、施放、覆土等。　　　　计量单位：$100m^2$

编　　号				7-63
项　　目				成片灌木加施基肥
名　　称			单位	消　耗　量
人工	000206000	综合二类工	工日	0.370
材料	322705001	复合肥	kg	5.500

（4）单排绿篱、双排绿篱

工作内容：场内运输、拌和、施放、覆土等。　　　　计量单位：100m

编　　号				7-64	7-65	7-66	7-67	7-68	7-69
项　　目				单排绿篱加施基肥			双排绿篱加施基肥		
				高度（cm）					
				≤ 50	≤ 100	≤ 150	≤ 50	≤ 100	≤ 150
名　　称			单位	消　耗　量					
人工	000206000	综合二类工	工日	0.036	0.122	0.146	0.065	0.262	0.219
材料	322705001	复合肥	kg	0.150	1.020	1.520	0.270	1.836	2.736

(5) 竹　类

工作内容：场内运输、拌和、施放、覆土等。　　**计量单位：**100 株

编　号				7-70	7-71	7-72	7-73
项　目				散生竹加施基肥			
				胸径（cm）			
				≤ 4	≤ 6	≤ 8	≤ 10
名　称			单位	消　耗　量			
人工	000206000	综合二类工	工日	0.200	0.240	0.264	0.288
材料	322705001	复合肥	kg	1.068	2.640	3.144	3.648

工作内容：场内运输、拌和、施放、覆土等。　　**计量单位：**100 丛

编　号				7-74	7-75	7-76	7-77
项　目				丛生竹加施基肥			
				根盘丛径（cm）			
				≤ 40	≤ 60	≤ 70	≤ 80
名　称			单位	消　耗　量			
人工	000206000	综合二类工	工日	0.200	0.240	0.264	0.288
材料	322705001	复合肥	kg	1.240	3.690	3.965	4.240

(6) 棕　榈　类

工作内容：场内运输、拌和、施放、覆土等。　　**计量单位：**100 株

编　号				7-78	7-79	7-80	7-81	7-82
项　目				棕榈类加施基肥				
				地径（cm）				
				≤ 25	≤ 40	≤ 50	≤ 60	≤ 70
名　称			单位	消　耗　量				
人工	000206000	综合二类工	工日	0.208	0.312	0.374	0.530	0.760
材料	322705001	复合肥	kg	1.610	3.600	6.069	8.127	13.672

(7) 攀 缘 植 物

工作内容：场内运输、拌和、施放、覆土等。　　**计量单位：**100 株

编　号				7-83	7-84	7-85	7-86
项　目				攀缘植物加施基肥			
				地径（cm）			
				≤ 2	≤ 5	≤ 6	＞ 6
名　称			单位	消　耗　量			
人工	000206000	综合二类工	工日	0.173	0.225	0.292	0.380
材料	322705001	复合肥	kg	0.735	0.956	1.242	1.615

（8）地被、露地花卉、草坪

工作内容： 场内运输、拌和、施放、覆土等。　　**计量单位：** 100m²

编号				7-87	7-88	7-89
项目				加施基肥		
				地被、露地花卉、满铺、散铺	草坪	
					植草砖植草	播种
名称			单位	消耗量		
人工	000206000	综合二类工	工日	0.308	0.103	0.216
材料	322705001	复合肥	kg	5.500	1.833	3.850

2. 土壤消毒

工作内容： 场内运输、配制消毒剂、种植土拌和等。　　**计量单位：** 10m³

编号				7-90
项目				土壤消毒
名称			单位	消耗量
人工	000206000	综合二类工	工日	0.825
材料	143567001	消毒剂	kg	0.300
	341101001	水	m³	1.500

3. 根枝消毒

（1）乔　木

工作内容： 场内运输、配制消毒液，根、枝消毒等。　　**计量单位：** 100株

编号				7-91	7-92	7-93
项目				乔木根枝消毒		
				胸径≤6cm/干径≤8cm	胸径≤10cm/干径≤12cm	胸径≤20cm/干径≤24cm
名称			单位	消耗量		
人工	000206000	综合二类工	工日	0.046	0.069	0.104
材料	143567001	消毒剂	kg	0.165	0.758	1.456

工作内容： 场内运输、配制消毒液，根、枝消毒等。　　**计量单位：** 100株

编号				7-94	7-95	7-96
项目				乔木根枝消毒		
				胸径≤32cm/干径≤35cm	胸径≤40cm/干径≤45cm	胸径≤50cm/干径≤55cm
名称			单位	消耗量		
人工	000206000	综合二类工	工日	0.155	0.233	0.454
材料	143567001	消毒剂	kg	2.912	4.368	11.357

（2）灌　木

工作内容： 场内运输、配制消毒液，根、枝消毒等。　　**计量单位：** 100 株

编　号				7-97	7-98	7-99	7-100	7-101
项　目				单株灌木根枝消毒				
				冠径（cm）				
				≤50	≤100	≤150	≤200	≤250
名　称			单位	消　耗　量				
人工	000206000	综合二类工	工日	0.030	0.035	0.042	0.054	0.061
材料	143567001	消毒剂	kg	0.020	0.025	0.071	0.167	0.288

工作内容： 场内运输、配制消毒液，根、枝消毒等。　　**计量单位：** 100 株

编　号				7-102	7-103	7-104	7-105
项　目				单株灌木根枝消毒			
				冠径（cm）			
				≤300	≤350	≤400	>400
名　称			单位	消　耗　量			
人工	000206000	综合二类工	工日	0.073	0.087	0.105	0.125
材料	143567001	消毒剂	kg	0.480	0.704	0.988	1.382

（3）竹　类

工作内容： 场内运输、配制消毒液，根、枝消毒等。　　**计量单位：** 100 株

编　号				7-106	7-107	7-108	7-109
项　目				散生竹根枝消毒			
				胸径（cm）			
				≤4	≤6	≤8	≤10
名　称			单位	消　耗　量			
人工	000206000	综合二类工	工日	0.015	0.030	0.111	0.192
材料	143567001	消毒剂	kg	0.032	0.067	0.110	0.154

工作内容： 场内运输、配制消毒液，根、枝消毒等。　　**计量单位：** 100 丛

编　号				7-110	7-111	7-112
项　目				丛生竹根枝消毒		
				根盘丛径（cm）		
				≤40	≤60	≤80
名　称			单位	消　耗　量		
人工	000206000	综合二类工	工日	0.025	0.046	0.078
材料	143567001	消毒剂	kg	0.044	0.083	0.138

（4）棕　榈　类

工作内容： 场内运输、配制消毒液，根、枝消毒等。　　　　**计量单位：** 100株

编　号				7-113	7-114	7-115	7-116	7-117	7-118
项　目				棕榈类根枝消毒					
				地径（cm）					
				≤ 25	≤ 40	≤ 50	≤ 60	≤ 70	≤ 80
名　称			单位	消　耗　量					
人工	000206000	综合二类工	工日	0.081	0.198	0.365	0.647	1.099	1.539
材料	143567001	消毒剂	kg	0.287	0.701	1.294	2.293	3.898	5.457

4. 生 根 催 芽

（1）乔　　木

工作内容： 场内运输、配制、喷洒生根剂等。　　　　**计量单位：** 100株

编　号				7-119	7-120	7-121
项　目				乔木生根催芽		
				胸径 ≤ 6cm/ 干径 ≤ 8cm	胸径 ≤ 10cm/ 干径 ≤ 12cm	胸径 ≤ 20cm/ 干径 ≤ 24cm
名　称			单位	消　耗　量		
人工	000206000	综合二类工	工日	0.037	0.056	0.083
材料	143547001	生根剂	kg	0.060	0.275	2.018

工作内容： 场内运输、配制、喷洒生根剂等。　　　　**计量单位：** 100株

编　号				7-122	7-123	7-124
项　目				乔木生根催芽		
				胸径 ≤ 32cm/ 干径 ≤ 35cm	胸径 ≤ 40cm/ 干径 ≤ 45cm	胸径 ≤ 50cm/ 干径 ≤ 55cm
名　称			单位	消　耗　量		
人工	000206000	综合二类工	工日	0.125	0.187	0.281
材料	143547001	生根剂	kg	5.395	10.113	14.676

（2）灌　　木

工作内容： 场内运输、配制、喷洒生根剂等。　　　　**计量单位：** 100株

编　号				7-125	7-126	7-127	7-128	7-129
项　目				单株灌木生根催芽				
				冠径（cm）				
				≤ 50	≤ 100	≤ 150	≤ 200	≤ 250
名　称			单位	消　耗　量				
人工	000206000	综合二类工	工日	0.050	0.060	0.072	0.086	0.103
材料	143547001	生根剂	kg	0.008	0.090	0.259	0.607	1.045

工作内容：场内运输、配制、喷洒生根剂等。　　**计量单位：**100 株

编号				7-130	7-131	7-132	7-133
项目				单株灌木生根催芽			
				冠径（cm）			
				≤ 300	≤ 350	≤ 400	> 400
名称			单位	消耗量			
人工	000206000	综合二类工	工日	0.124	0.149	0.179	0.215
材料	143547001	生根剂	kg	0.174	2.554	3.583	5.016

（3）竹　类

工作内容：场内运输、配制、喷洒生根剂等。　　**计量单位：**100 株

编号				7-134	7-135	7-136	7-137
项目				散生竹生根催芽			
				胸径（cm）			
				≤ 4	≤ 6	≤ 8	≤ 10
名称			单位	消耗量			
人工	000206000	综合二类工	工日	0.010	0.015	0.020	0.024
材料	143547001	生根剂	kg	0.006	0.012	0.025	0.038

工作内容：场内运输、配制、喷洒生根剂等。　　**计量单位：**100 丛

编号				7-138	7-139	7-140
项目				丛生竹生根催芽		
				根盘丛径（cm）		
				≤ 40	≤ 60	≤ 80
名称			单位	消耗量		
人工	000206000	综合二类工	工日	0.020	0.037	0.063
材料	143547001	生根剂	kg	0.032	0.060	0.100

（4）棕　榈　类

工作内容：场内运输、配制、喷洒生根剂等。　　**计量单位：**100 株

编号				7-141	7-142	7-143	7-144	7-145
项目				棕榈类生根催芽				
				地径（cm）				
				≤ 25	≤ 40	≤ 50	≤ 60	≤ 70
名称			单位	消耗量				
人工	000206000	综合二类工	工日	0.071	0.175	0.322	0.571	0.971
材料	143547001	生根剂	kg	0.115	0.280	0.518	0.917	1.559

八、脚　手　架

1. 单排、双排钢管脚手架

工作内容：清理场地，搭、拆脚手架，挂安全网，材料堆放，材料场内、外运输等。　　**计量单位：**$100m^2$

编　号				7-146	7-147
项　目				钢管脚手架	
				单排	双排
				4m 以内	8m 以内
名　称			单位	消　耗　量	
人工	000206000	综合二类工	工日	5.535	7.605
材料	350303001	脚手架钢管	kg	0.021	0.050
	350203002	扣件	个	2.190	6.480
	350303003	脚手架钢管底座	个	0.240	0.430
	350105001	木脚手板	m^2	5.110	5.980
	340717001	安全网	m^2	2.680	1.380
	850103006	其他材料费（占材料费）	%	3.310	3.630
机械	990401025	载重汽车 6t	台班	0.152	0.371

2. 亭廊脚手架

工作内容：清理场地，搭、拆脚手架，材料堆放，材料场内、外运输等。　　**计量单位：**$100m^2$

编　号				7-148
项　目				综合脚手架
名　称			单位	消　耗　量
人工	000206000	综合二类工	工日	17.420
材料	350303001	脚手架钢管	kg	99.198
	350203002	扣件	个	62.681
	350319001	木脚手板	m^3	0.148
	350303003	脚手架钢管底座	个	0.664
	350304001	挡脚板	m^3	0.010
	850103006	其他材料费（占材料费）	%	3.000
机械	990401025	载重汽车 6t	台班	0.591

3. 桥　支　架

工作内容：1. 拱桥木拱盔、木支架：场内运输、支架制作、安装、拆除等。
2. 满堂式钢管支架：平整场地、场内运输、搭拆钢管支架、材料堆放等。

计量单位：100m^3空间体积

编　号				7-149	7-150	7-151
项　目				拱桥木拱盔	木支架	满堂式钢管支架
名　称			单位	消　耗　量		
人工	000206000	综合二类工	工日	60.720	29.799	15.651
材料	050401003	板枋材	m^3	1.533	0.886	—
	050100001	原木（综合）	m^3	0.846	0.240	—
	031501001	扒钉	kg	80.960	10.300	—
	031501008	圆钉（综合）	kg	1.870	3.740	—
	350303001	脚手架钢管	kg	—	—	0.019
	350203002	扣件	个	—	—	6.203
	350303003	脚手架钢管底座	个	—	—	0.310
机械	990302015	履带式起重机 15t	台班	1.046	0.788	—
	990706010	木工圆锯机 500mm	台班	1.275	1.900	—

九、园建材料二次搬运

1. 人工二次搬运

工作内容：装、运、卸材料，在指定地点堆放、清扫等。

计量单位：见表

编　号				7-152	7-153
项　目				人工二次搬运	
				运距每增加 10m	
单　位				10m^3	10t
名　称			单位	消　耗　量	
人工	000206000	综合二类工	工日	0.223	0.178

2. 人力车二次搬运

工作内容： 装、运、卸材料，在指定地点堆放、清扫等。　　**计量单位：** 见表

编号				7-154	7-155
项目				人力车二次搬运 运距每增加 20m	
单位				$10m^3$	10t
名称			单位	消耗量	
人工	000206000	综合二类工	工日	0.112	0.086

十、围　　堰

工作内容： 1. 取土、装袋、码砌、堰心填土及拆除后运至岸边堆放等。
2. 木桩钎制作、场内运输、打桩、截平、拆除清理等。　　**计量单位：** 见表

编号				7-156	7-157
项目				袋装围堰筑堤	打木桩钎
单位				m^3	组
名称			单位	消耗量	
人工	000206000	综合二类工	工日	1.710	0.400
材料	340799002	纤维袋 80cm×160cm	条	21.180	—
	040901004	黏土	m^3	0.930	—
	010300001	钢丝（综合）	kg	0.225	—
	052521001	木桩钎	根	—	5.150
	031507018	镀锌铁丝 $\phi2.8\sim4.0$	kg	—	0.450
	850103006	其他材料费（占材料费）	%	2.000	2.000

附　　录

术　语

一、绿化部分

1. 胸径：地表面向上 1.3m 高处树干直径。

2. 地径：地表面向上 0.1m 高处树干直径。

3. 干径：地表面向上 0.3m 高处树干直径。

4. 冠径：又称冠幅，苗木冠丛垂直投影面的最大直径和最小直径之间的平均值。

5. 冠丛高：地表面至乔（灌）木顶端的高度。

6. 乔木：树体高大，而且有明显主干的树种。

7. 灌木：植株没有明显的主干，分枝能力较强，而且株体生长较为矮的树木。

8. 丛生竹：聚集在一处生长的竹类。

9. 根盘丛径：丛生竹三株或三株以上的丛生在一起而形成的束状结构根盘的直径。

10. 绿篱：用园林植物成行地紧密种植而成的篱笆。

11. 露地花卉：适应能力较强，能在自然条件下露地栽培应用的一类花卉。

12. 草本花卉：从外形上看没有主茎或者虽有主茎，没有木质化或仅有株体基部木质化的花卉。按其生育期长短不同，可分为一年生、二年生和多年生几种。

13. 球根、块根花卉：多年生草本花卉中，非须根类、变态茎类。其地下根部为粗壮的内质根或肥大块状；变态茎类地下部分为适应生存需要而变态成为鳞茎盘根或由鳞叶包裹成球形，或变成球形、不规则块茎等。

14. 宿根花卉：植株地下部分可以宿存于土壤中越冬，翌年春天地上部分又可以萌发生长、开花结籽的多年生草本花卉。

15. 地被植物：用于覆盖地面密集、低矮、无主枝干的植物。

16. 水生植物：不适应于旱地栽培，需要生活在水中的植物。

17. 冷季型草坪：耐寒性较强，在部分地区冬季呈常绿状态或休眠状态，最适宜生长温度为 15～20℃，耐高温能力差，在南方越夏较困难的草铺（播）种的草坪。

18. 暖季型草坪：冬季呈休眠状态，早春开始返青，复苏后生长旺盛，最适宜生长温度为 26～32℃的草铺（播）种的草坪。

19. 满铺草坪：将草皮切成一定长、宽、厚的草皮条，以 1～2cm 的间距临块接缝错开，铺设于场地内的草坪。

20. 散铺草坪：将草皮切成长方形的草皮块，按 3～6cm 间距或梅花式相间排列的方式。铺设于场地内的草坪。

21. 攀缘植物：能缠绕或依靠附属器官攀附他物向上生长的植物。

22. 古树名木：树龄在一百年以上的树木，珍贵稀有的树木，具有历史、文化、科研价值的重要纪念意义等的树木统称。

23. 大规格树木：胸径大于 20cm 的落叶乔木和胸径大于 15cm 的常绿乔木。

24. 假植：苗木不能及时栽植时，将苗木根系用湿润土壤做临时性填埋的绿化工程措施。

25. 栽植工程植物养护：园林植物栽植后至竣工验收移交期间的养护管理。

二、园建部分

1. 乱铺冰片石：又称碎石板，采用形状不规则的石片在地面上铺贴出纹理，多数为冰裂缝，使路面显得比较别致。

2. 桥台：位于桥的两端，与岸衔接，传递桥的推力到岸。

3. 桥墩：多跨桥梁的中间支承结构物。

4. 拱券：指用砖、石做成的拱形砌体。

5. 券脸：石券最外端的一圈露明的券石。

6. 石桥檐板：即仰天石，指位于桥面两边的边缘石。

7. 石望柱：栏杆与栏板之间的短柱。

8. 地伏石：栏杆最下层的横石。

9. 抱鼓石：位于石桥栏杆的前、后端部，形似圆鼓用于稳固望柱的石作构件。

10. 湖石：湖石是产于湖崖中，由长期沉积的粉砂及水的溶蚀作用所形成的一种石灰岩，该石的特点是经湖水溶蚀后形成有大小不同的洞窝和环沟，具有圆润柔曲、嵌空婉转、玲珑剔透的外形，如太湖石、宜兴石、龙潭石、灵壁石、湖口石、巢湖石、房山石等。

11. 山石：山石是中生代红、黄色砂、泥岩层岩石的一种统称，材质较硬，小块石料常因自然岩石风化冲刷而崩落后沿节理面分解而成，呈不规则的多面体，如黄石、孔雀石、方解石、鱼眼石、菊花石、大理石、铁矿石、硅灰石等假山石料。

12. 人造石峰：将若干湖石或山石辅以条石或钢筋混凝土预制板，用水泥砂浆、细石混凝土和铁件堆砌起来.形成石峰造型的一种假山。

13. 塑假山：指用砖、型钢、混凝土等材料做骨架，通过用钢丝网、水泥砂浆抹灰塑型、刻划、表面上色等方法制作成型的假山。

14. 土山点石：指在矮坡形土山和草坪上及树根旁等，为点缀景致而布置的石景，如子母石、散兵石等。

15. 布置景石：指除堆砌假山、人造石峰、土山点石之外的独块或数块景石布置安装，如特置的各种形式单峰石、象形石、石供石、花坛石景以及院门、道路两旁的对称石等。

16. 椽子：屋面基层的最底层构件，垂直安放在檩木之上，承担屋面砖瓦荷载的构件。

17. 椽望板：古建筑中飞檐部分，并连有飞椽和出檐重叠之板。

18. 戗翼板：古建筑中翅角部位，并连有摔网椽的翼角板。

19. 蒲公英喷头：又名水晶绣球喷头，是在一个球形配水室上辐射安装着许多支管，每根支管的外端装有向周围折射的喷嘴，从而组成一个大的球体。喷水时，水姿形如蒲公英花球。

20. 微喷：利用微喷头、微喷带等设备，以喷洒的方式实施灌溉的灌水方法。

21. 滴灌：利用滴头、滴灌管（带）等设备，以滴水或细小水流的方式，湿润植物根区附近部分土壤的灌水方法。

22. 喷灌：喷洒灌溉的简称，是利用专门设备将有压水流送到灌溉地段，通过喷头以均匀喷洒方式进行灌溉的方式。